Komil Olimdzhanovich Mahmudov

Problemas de Cauchy para o sistema generalizado das equações de Maxwell

Komil Olimdzhanovich Mahmudov

Problemas de Cauchy para o sistema generalizado das equações de Maxwell

Monografia

ScienciaScripts

Cover image: www.ingimage.com

This book is a translation from the original published under ISBN 978-620-7-47074-7.

Publisher:
Sciencia Scripts
is a trademark of
Dodo Books Indian Ocean Ltd. and OmniScriptum S.R.L publishing group

120 High Road, East Finchley, London, N2 9ED, United Kingdom
Str. Armeneasca 28/1, office 1, Chisinau MD-2012, Republic of Moldova, Europe
Printed at: see last page
ISBN: 978-620-8-28125-0

MINISTÉRIO DO ENSINO SUPERIOR, DA CIÊNCIA E DA INOVAÇÃO DA REPÚBLICA DO UZBEQUISTÃO
UNIVERSIDADE ESTATAL DE SAMARKAND

Sobre os direitos do manuscrito
UDC: 517.946

MAKHMUDOV KOMIL OLIMJANOVICH

PROBLEMAS DE CAUCHY PARA O SISTEMA GENERALIZADO DAS EQUAÇÕES DE MAXWELL

MONOGRAFIA.

2024

UDC 517.946

K.O.Makhmudov Problemas de Cauchy para o sistema generalizado das equações de Maxwell (Monografia). Lambert Academic Publishing, **2024, 78 pp.**

Para um complexo elíptico de operadores diferenciais de primeira ordem numa variedade lisa, definimos um sistema de equações que pode ser considerado como equações abstractas de Maxwell. A teoria formal deste sistema é muito semelhante à teoria das equações de Maxwell clássicas. Consideramos o problema de Cauchy para as equações de Maxwell na teoria da eletrodinâmica numa região limitada do espaço euclidiano. Tanto a componente tangente como a componente normal da função vetorial desejada são definidas numa parte da fronteira do domínio. Apresentamos uma condição de solvabilidade razoável e a fórmula de Carleman para a sua solução. Este problema é densamente solucionável e não corrigível, tornando inaplicável o cálculo padrão dos operadores integrais de Fourier. Se a superfície onde os dados e os próprios dados de Cauchy são dados for real-analítica, então podemos aplicar o teorema de Cauchy-Kovalevsky para garantir a existência de uma solução local. Utilizamos a estrutura especial da equação de Maxwell para derivar condições explícitas de solvabilidade global e construir uma solução aproximada

ÍNDICE DE CONTEÚDOS

INTRODUÇÃO

Numerosos trabalhos de investigação científica e aplicada no domínio da matemática em todo o mundo mostram que os modelos matemáticos de muitos processos conduzem ao estudo de problemas de valor limite incorrectos para equações diferenciais parciais. O objeto da investigação aplicada sobre a correção condicional e a construção de soluções aproximadas por valores definidos numa parte da fronteira do domínio, entre equações diferenciais parciais de tipo elíptico, é especialmente importante em hidrodinâmica, geofísica, teoria da transmissão de sinais, exploração geológica e eletrodinâmica. O estudo de soluções de problemas não-corretos e a construção de uma família de soluções regularizadoras foi o impulso para o início dos estudos da classe de correção quando se parte do compacto. Devido à importância aplicada do estudo, o problema de Cauchy para um sistema de equações do tipo Maxwell num domínio espacial é um problema urgente da ciência matemática moderna.

Hoje em dia, no mundo em que se investiga a resolução de problemas de valor limite incorreto para o sistema de equações de Maxwell do tipo elíptico de A.Duglis-L.Nirenberg e associado ao complexo de Rama, a construção da solução regularizada e a obtenção do critério de solvabilidade desempenham um papel especial. Nesta investigação orientada, os principais objectivos são obter uma representação integral para soluções da equação num domínio limitado, construir a fórmula de Carleman usando o método das bases com dupla ortogonalidade, e construir a função de Carleman na forma explícita, bem como estimar a estabilidade condicional das soluções do problema de Cauchy e o critério de solvabilidade.

Os cientistas do nosso país prestam mais atenção às direcções actuais das ciências fundamentais com aplicações científicas e práticas, em particular, prestam especial atenção à investigação dos problemas da teoria das equações diferenciais e da física matemática, que têm aplicação prática nas ciências fundamentais e, em particular, à investigação de vários problemas de valor limite para equações diferenciais parciais de tipo elíptico. As principais tarefas e direcções de atividade das ciências matemáticas são a realização de investigação ao nível das normas internacionais nas áreas prioritárias de "Álgebra e suas aplicações, equações diferenciais e suas aplicações, modelação matemática de sistemas não lineares, sistemas dinâmicos e suas aplicações, análise estocástica, informática médica e biológica e matemática computacional "[1]. O desenvolvimento da teoria das equações diferenciais parciais e da teoria dos problemas condicionalmente corretos é de grande importância para assegurar a aplicação do presente decreto.

O tema e o objeto de investigação da presente dissertação estão em consonância com os problemas incluídos no tema das tarefas referidas nos decretos do Presidente da República do Usbequistão UP-4947, de 7 de fevereiro de 2017, "Sobre a estratégia de ação para o desenvolvimento da República do Usbequistão", UP -2789, de 17 de fevereiro de 2017, "Sobre a melhoria das actividades da Academia das

[1] Decreto do Presidente da República do Uzbequistão PP-4387 de 9 de julho de 2019 "Sobre medidas de apoio estatal para o desenvolvimento da educação matemática e da ciência, bem como da Academia de Ciências Romanovsky da República do Uzbequistão"

Ciências, organização, gestão e financiamento das actividades de investigação" e PP-4387, de 9 de julho de 2019, "Sobre as medidas de apoio estatal ao desenvolvimento da educação matemática e da ciência, bem como t

Os primeiros resultados do ponto de vista da importância prática dos problemas não correlacionados e do estreitamento da classe de soluções possíveis para um compacto, levando os problemas à estabilidade, foram obtidos no trabalho de A.N.Tikhonov. Nos trabalhos de M.M.Lavrentiev, onde são obtidas estimativas que caracterizam a estabilidade de um problema espacial na classe de soluções limitadas do problema de Cauchy para a equação de Laplace e alguns outros problemas incorrectos da física matemática num cilindro reto, bem como para um domínio espacial arbitrário com uma fronteira suficientemente suave. S.N.Mergelyan para funções no interior de uma esfera. E.M.Landis obteve estimativas que caracterizam a estabilidade de um problema espacial para uma equação elíptica arbitrária, V.K.Ivanov obteve estimativas numa faixa infinita.

A função de Carleman para as equações de Laplace e Helmholtz é construída por Sh.Yarmukhamedov quando parte da fronteira da região é a superfície de um cone, e por A.A.Shlapunov quando parte da fronteira é a superfície de uma esfera. A construção da função de Carleman por Sh.Y.Yarmukhamedov baseia-se na aplicação de métodos da teoria das funções. Neste caso, a solução fundamental é aproximada na parte cónica da fronteira do domínio. A construção da função de Carleman por A.A.Shlapunov baseia-se na aproximação da solução fundamental da equação de Laplace na parte esférica da fronteira do domínio por polinómios harmónicos homogéneos, a construção por N.N.Tarkhanov e A.A.Shlapunov - para sistemas elípticos gerais em termos de bases com dupla ortogonalidade, por A.L.Buchheim e E.V.Arbuzov - para a equação de Helmholtz e para o sistema de equações electrodinâmicas no plano.

Nos trabalhos de T.Ishankulov, E.Jabborov, O.Makhmudov e I.Niyozov estuda-se o problema de Cauchy para o sistema de equações de Navier-Stokes e para o sistema de equações da teoria da elasticidade no espaço multidimensional, E.N.Sattorov - o problema de Cauchy para o sistema generalizado de Cauchy-Riemann, para o sistema homogéneo de equações de Maxwell. Nos trabalhos de K.O.Makhmudov, O.I.Makhmudov, N.N.Tarkhanov - para o sistema de equações do tipo Maxwell é construída a fórmula de Carleman. Problemas de valor de fronteira incorreto para equações de ordem elevada com coeficientes do tipo operador auto-adjunto e equações de tipo misto-composto foram objeto de investigação por V.G.Romanov, S.I.Kabanikhin, K.S.Fayazov e seus alunos. Problemas inversos e não correlacionados para equações do tipo elíptico e hiperbólico foram objeto de investigação por A.Khaidarov, A.Serikbaev e D.K.Durdiev, e a geometria integral foi investigada por Akram Begmatov.

Os seguintes trabalhos foram efectuados no âmbito da monografia:

A monografia é dedicada aos problemas de Cauchy para o sistema de equações de Maxwell. R^3 O sistema de equações de Maxwell é descrito em termos do complexo de Rham, ou seja, o sistema de equações de Maxwell é representado na linguagem das formas diferenciais [48],[51],[53].

A elinticidade do sistema das equações de Maxwell segundo A. Duglis e L. Nirenberg é considerada. Apresentamos aqui uma construção da matriz da solução fundamental esquerda do sistema de equações electrodinâmicas de forma especial. A fórmula generalizada de Stratton-Chu aqui obtida é o principal instrumento de trabalho da presente monografia. X R^3 S Obtêm-se condições de resolubilidade e constrói-se a fórmula de Carleman usando o método das bases com dupla ortogonalidade, isto é, constrói-se uma fórmula explícita que recupera a solução do sistema das equações de Maxwell numa região limitada, através da componente tangencial e da componente normal da solução na parte da fronteira da região.

$X \subset R^n$ No último capítulo, formulamos as equações de Maxwell no contexto de complexos elípticos arbitrários numa variedade compacta com bordo. Aqui generalizamos a fórmula de Stratton-Chu para soluções de equações abstractas de Maxwell. R^n Na monografia, são obtidas não só as condições de solvabilidade para o problema de Cauchy, mas também a fórmula de Carleman para o sistema de equações de Maxwell em .

CAPÍTULO I. O SISTEMA DE EQUAÇÕES DE MAXWELL PARA O CAMPO ELECTROMAGNÉTICO

§ 1.1 Elipticidade do sistema de equações de Maxwell na aceção de A. Duglis - L. Nirenberg

Um resumo das equações de Maxwell.

As equações de Maxwell contêm todas as leis básicas dos campos eléctricos e magnéticos, incluindo a indução electromagnética, e são, portanto, as equações gerais do campo eletromagnético em meios em repouso. Uma vez que as equações de Maxwell constituem a base da teoria do eletromagnetismo, vamos considerar brevemente o significado físico destas equações:

O fluxo de corrente de condução através dos condutores e as alterações do campo elétrico no tempo conduzem ao aparecimento de um campo magnético de vórtice:

Existe um campo magnético de Foucault em torno de qualquer condutor de corrente e em torno de qualquer campo elétrico alternado

$$rotH = j + \frac{\partial D}{\partial t} \qquad (1.0.5)$$

Qualquer alteração do campo magnético no tempo provoca o aparecimento de um campo elétrico de vórtice:

Em qualquer alteração do campo magnético, surge um campo elétrico de Foucault, que é proporcional à taxa de variação da indução do campo magnético

$$rotE = -\frac{\partial B}{\partial t} \qquad (1.0.6)$$

O sistema de equações de Maxwell explica todo o quadro dos fenómenos electromagnéticos a partir de um único ponto de vista. São utilizadas para calcular os campos em função de determinadas distribuições de correntes e cargas no espaço.

Este sistema de equações é complementado pelo chamado sistema de equações materiais, que caracteriza as propriedades individuais do meio material que preenche o espaço:

$$D = \varepsilon E; \quad B = \mu H; \quad j = \sigma E; \tag{1.0.7}$$

Das equações de Maxwell resulta a existência de ondas electromagnéticas, ou seja, um campo eletromagnético capaz de existir independentemente, na ausência de cargas e correntes eléctricas.

A importância das equações de Maxwell na criação de uma teoria unificada do campo eletromagnético.

1) A teoria de Maxwell é uma teoria consistente de um único campo eletromagnético produzido por um sistema arbitrário de cargas e correntes. Nesta teoria, o principal problema da eletrodinâmica é resolvido - as caraterísticas dos campos eléctricos e magnéticos são encontradas para uma dada distribuição de cargas e correntes. Esta teoria foi uma generalização das leis mais importantes que descrevem os fenómenos eléctricos e magnéticos (semelhante às equações de Newton e aos primórdios da termodinâmica).

2. A teoria de Maxwell considera campos macroscópicos, que são criados por macrocargas e macrocorrentes. As distâncias entre as fontes de campos e os pontos considerados são muito maiores do que as dimensões dos átomos. Os períodos de variação dos campos eléctricos

e magnéticos alternados são muito maiores do que os períodos dos processos internos.

3. a teoria de Maxwell é de carácter fenomenológico. Não tem em conta o mecanismo interno dos fenómenos no meio. $\varepsilon\ \mu\ \ \sigma$O meio é descrito por três grandezas, e .

4. A teoria de Maxwell é uma teoria de ação próxima, segundo a qual as interações eléctricas e magnéticas que ocorrem em campos eléctricos e magnéticos , se propagam a uma velocidade finita igual à velocidade da luz num determinado meio.Então, substituindo (1.0.7) em (1.0.5) e (1.0.6) respetivamente obtemos:

$$-\varepsilon(d/dt)E + rotH = \sigma E,$$
$$\mu(d/dt)H + rotE = 0.$$

ver, por exemplo, [27], [26].

Embora as equações de Maxwell sejam aplicáveis em todo o espaço e tempo, os problemas práticos são finitos e as soluções das equações de Maxwell dentro do domínio de solução são acopladas ao resto usando condições de fronteira, cf. e.g. [31], [33] e [22], etc., e iniciadas no tempo usando condições iniciais, cf. e.g. [23]. [31],[33] e [22], etc., e iniciadas no tempo usando condições iniciais, cf. e.g. [23].

Para simplificar, limitemo-nos às ondas electromagnéticas harmónicas. $\varepsilon\ \mu\ \sigma\ \omega$Então, os campos eléctricos e magnéticos com permeabilidade eléctrica, permeabilidade magnética, condutividade e frequência têm a forma assintótica

$$E(t,x) = (\varepsilon + i\sigma / \omega)^{-1/2} e^{-i\omega t} E(x),$$
$$H(t,x) = \mu^{-1/2} e^{-i\,\omega t} H(x).$$

Do sistema das equações de Maxwell com dependência arbitrária do tempo

$$-\varepsilon(d/dt)E + rotH = \sigma E$$
$$\mu(d/dt)H + rotE = 0,$$

E H temos que as partes dos campos dependentes das coordenadas espaciais e satisfazem o sistema das equações de Maxwell no regime harmónico

$$ikE + rotH = 0,$$
$$-ikH + rotE = 0,$$

(1.1.1)

k $k^2 = (\varepsilon + i\sigma/\omega)\mu\omega^2$ onde o número de onda é dado pela expressão . k $\mathrm{Im}k \geq 0$ Vamos escolher o sinal de para que a condição seja satisfeita.

Escrevamos o sistema de equações de Maxwell (1.1.1) na forma escalar no sistema de coordenadas cartesianas x_1, x_2, x_3:

$$\begin{cases} -\dfrac{\partial E_2}{\partial x_3} + \dfrac{\partial E_3}{\partial x_2} - ikH_1 = 0, \\ \dfrac{\partial E_1}{\partial x_3} - \dfrac{\partial E_3}{\partial x_1} - ikH_2 = 0, \\ -\dfrac{\partial E_1}{\partial x_2} + \dfrac{\partial E_2}{\partial x_1} - ikH_3 = 0, \\ ikE_1 - \dfrac{\partial H_2}{\partial x_3} + \dfrac{\partial H_3}{\partial x_2} = 0, \\ ikE_2 + \dfrac{\partial H_1}{\partial x_3} - \dfrac{\partial H_3}{\partial x_1} = 0, \\ ikE_3 - \dfrac{\partial H_1}{\partial x_2} + \dfrac{\partial H_2}{\partial x_1} = 0. \end{cases} \qquad (1.1.1')$$

Então o sistema (1.1.1) pode ser escrito da seguinte forma:

$$\begin{pmatrix} 0 & -\frac{\partial}{\partial x_3} & \frac{\partial}{\partial x_2} & -ik & 0 & 0 \\ \frac{\partial}{\partial x_3} & 0 & -\frac{\partial}{\partial x_1} & 0 & -ik & 0 \\ -\frac{\partial}{\partial x_2} & \frac{\partial}{\partial x_1} & 0 & 0 & 0 & -ik \\ ik & 0 & 0 & 0 & -\frac{\partial}{\partial x_3} & \frac{\partial}{\partial x_2} \\ 0 & ik & 0 & \frac{\partial}{\partial x_3} & 0 & -\frac{\partial}{\partial x_1} \\ 0 & 0 & ik & -\frac{\partial}{\partial x_2} & \frac{\partial}{\partial x_1} & 0 \end{pmatrix} \begin{pmatrix} H_1 \\ H_2 \\ H_3 \\ E_1 \\ E_2 \\ E_3 \end{pmatrix} = \begin{pmatrix} 0 \\ 0 \\ 0 \\ 0 \\ 0 \\ 0 \end{pmatrix} \qquad (1.1.1'')$$

$L(D)$ $(1.1.1'')$ O perador diferencial matricial linear em , em que

$$D = \left(\frac{\partial}{\partial x_1}, \frac{\partial}{\partial x_2}, \frac{\partial}{\partial x_3} \right) \qquad .$$

Considere o sistema de equações

$$L(x, D)U = g \qquad , (1.1.2)$$

$g = g(x) = (g_1(x), ..., g_N(x))^T$ aqui está o vetor coluna dado,

$U = U(x) = (u_1(x), ..., u_N(x))^T$ $x = (x_1, ..., x_u)$ N n - vetor de colunas desconhecido, , e

T - dados números naturais, o índice superior é o sinal de transposição. $L(x, D)$ O símbolo denota o operador definido pela fórmula

$$(L(x, D)U)_i = \sum_{j=1}^{N} l_{ij}(x, D) u_j(x), \; i = \overline{1, ..., N}, \qquad (1.1.3)$$

onde

$$l_{ij}(x, D) = \sum_{|\alpha| \le n_j} a_{ij}^{\alpha}(x) D^{\alpha} \qquad i, j = \overline{1, ..., N}, \; , (1.1.4)$$

operadores diferenciais,

$$D = (D_1, ..., D_n) = (\frac{\partial}{\partial x_1}, ..., \frac{\partial}{\partial x_n}), \; D^{\alpha} = \frac{\partial^{|\alpha|}}{\partial x_1^{\alpha_1} \cdots \partial x_n^{\alpha_n}} \qquad , \; \alpha = (\alpha_1, ..., \alpha_n) \text{ -}$$

R^n $|\alpha| = \alpha_1 + ... + \alpha_n$, $a_{ij}^{\alpha}(x)$ $n_j = \max_{1\le i\le N} \deg l_{ij}(x,D)$, v etor do espaço , cujas componentes são números inteiros não negativos, funções definidas, $j = \overline{1,...,N}$.

$l_{ij}(x,D)$ O símbolo deg indica a ordem da derivada superior incluída no operador .

$\widetilde{l}_{ij}(x,D)$ n_j $l_{ij}(x,D)$ S eja a parte principal da ordem de cada operador , ou seja

$$\widetilde{l}_{ij}(x,D) = \begin{cases} 0, & \text{если} \quad \deg l_{ij}(x,D) < n_j \\ \sum_{|\alpha|=n_j} a_{ij}^{\alpha}(x) D^{\alpha} & \text{если} \quad \deg l_{ij}(x,D) = n_j. \end{cases}$$

Seguindo [7], a parte principal (de Petrovsky) do operador

$$L(x,D) = \begin{pmatrix} l_{11}(x,D) & ... & l_{1N}(x,D) \\ ... & ... & ... \\ l_{N1}(x,D) & ... & l_{NN}(x,D) \end{pmatrix}$$

(1.1.5)

chamemos o operador

$$\widetilde{L}(x,D) = \begin{pmatrix} \widetilde{l}_{11}(x,D) & ... & \widetilde{l}_{1N}(x,D) \\ ... & ... & ... \\ \widetilde{l}_{N1}(x,D) & ... & \widetilde{l}_{NN}(x,D) \end{pmatrix}$$

(1.1.6)

$\xi = (\xi_{1,...,} \xi_n) \in R^n$ $x \in X$ Fixar arbitrariamente o vetor , ponto e associar a (1.1.6) a matriz

$$\widetilde{L}(x,\xi) = \begin{pmatrix} \widetilde{l}_{11}(x,\xi) & ... & \widetilde{l}_{1N}(x,\xi) \\ ... & ... & ... \\ \widetilde{l}_{N1}(x,\xi) & ... & \widetilde{l}_{NN}(x,\xi) \end{pmatrix}$$

(1.1.7)

onde

$$\widetilde{l}_{ij}(x,D)=\begin{cases}0, & если \quad |\alpha|<n_j \\ \sum\limits_{|\alpha|=n_j} a_{ij}^{\alpha}(x)\xi_1^{\alpha_1}\cdots\xi_n^{\alpha_n} & если \quad |\alpha|=n_j.\end{cases}$$

Definição 1.1[5, p 90]. X $x\in X$ $\xi\in R^n\setminus\{0\}$ *O sistema de equações (1.1.2) é chamado elíptico de Petrovsky na região , se para qualquer e para qualquer a seguinte condição for válida*

$$\det\tilde{L}(x,\xi)\neq 0. \qquad (1.1.8)$$

$(1.1.1'')$ $X\subset R^3$M ostremos que o sistema de equações não é elíptico de Petrovsky no domínio .

$(1.1.1'')$ $L(x,D)=L(D)$P ara o sistema, o operador tem a forma

$$L(D)=\begin{pmatrix} 0 & -\dfrac{\partial}{\partial x_3} & \dfrac{\partial}{\partial x_2} & -ik & 0 & 0 \\ \dfrac{\partial}{\partial x_3} & 0 & -\dfrac{\partial}{\partial x_1} & 0 & -ik & 0 \\ -\dfrac{\partial}{\partial x_2} & \dfrac{\partial}{\partial x_1} & 0 & 0 & 0 & -ik \\ ik & 0 & 0 & 0 & -\dfrac{\partial}{\partial x_3} & \dfrac{\partial}{\partial x_2} \\ 0 & ik & 0 & \dfrac{\partial}{\partial x_3} & 0 & -\dfrac{\partial}{\partial x_1} \\ 0 & 0 & ik & -\dfrac{\partial}{\partial x_2} & \dfrac{\partial}{\partial x_1} & 0 \end{pmatrix}.$$

$L(D)$ $n_1=n_2=\ldots=n_6=1$Destacando a parte principal do operador de Petrovsky, encontramos . $L(D)$Portanto, a parte principal do operador de Petrovsky é

$$\widetilde{L}(D)=\begin{pmatrix} 0 & -\frac{\partial}{\partial x_3} & \frac{\partial}{\partial x_2} & 0 & 0 & 0 \\ \frac{\partial}{\partial x_3} & 0 & -\frac{\partial}{\partial x_1} & 0 & 0 & 0 \\ -\frac{\partial}{\partial x_2} & \frac{\partial}{\partial x_1} & 0 & 0 & 0 & 0 \\ 0 & 0 & 0 & 0 & -\frac{\partial}{\partial x_3} & \frac{\partial}{\partial x_2} \\ 0 & 0 & 0 & \frac{\partial}{\partial x_3} & 0 & -\frac{\partial}{\partial x_1} \\ 0 & 0 & 0 & -\frac{\partial}{\partial x_2} & \frac{\partial}{\partial x_1} & 0 \end{pmatrix},$$

Escreva o polinómio caraterístico

$$\det\widetilde{L}(\xi)=\begin{vmatrix} 0 & -\xi_3 & \xi_2 & 0 & 0 & 0 \\ \xi_3 & 0 & -\xi_1 & 0 & 0 & 0 \\ -\xi_2 & \xi_1 & 0 & 0 & 0 & 0 \\ 0 & 0 & 0 & 0 & -\xi_3 & \xi_2 \\ 0 & 0 & 0 & \xi_3 & 0 & -\xi_1 \\ 0 & 0 & 0 & -\xi_2 & \xi_1 & 0 \end{vmatrix}.$$

Os cálculos dão:

$$\det\widetilde{L}(\xi)=0$$

$\xi \in R^3$ $(1.1.1'')$para qualquer , ou seja, o sistema não é elíptico de acordo com Petrovsky.

A definição dada do sistema elíptico de Petrovsky é suficientemente simples, mas acabou por não ser suficientemente abrangente.

A definição mais geral de um sistema elíptico pertence a A. Duglis e L. Nirenberg (note-se que existem também definições intermédias, por exemplo, sistemas fortemente elípticos).

Quando se determina a elipticidade do sistema (1.1.2) por Duglis-Nirenberg, a parte principal do operador (1.1.5) é definida de uma forma diferente e pode incluir derivadas inferiores. Suponhamos que existem dois conjuntos de números inteiros

$s=(s_1,...,s_N)$ $t=(t_1,...,t_N)$ e . (1.1.9)

$\deg l_{ij}(x,D)\le s_i+t_j$ $i,j=\overline{1,...,N}$ $l_{ij}(x,D)\ne 0$ satisfazendo a condição para todos os , para os quais . $l_{ij}(x,D)=0$ $s_i+t_j<0$ Assim , se .

$L(x,D)$ $s=(s_1,...,s_N)$ $t=(t_1,...,t_N)$ A parte principal do operador de Duglis-Nirenberg correspondente aos conjuntos , , chamemos-lhe o operador diferencial matricial

$$\widetilde{L}_{s,t}(x,D)=\begin{pmatrix}\widetilde{l}_{11}^{s,t}(x,D) & ... & \widetilde{l}^{s,t}{}_{1N}(x,D)\\ ... & ... & ...\\ \widetilde{l}_{N1}^{s,t}(x,D) & ... & \widetilde{l}^{s,t}{}_{NN}(x,D)\end{pmatrix} \qquad (1.1.10)$$

$\widetilde{l}_{ij}^{s,t}(x,D)$ em que os operadores diferenciais

$$\widetilde{l}_{ij}(x,D)=\begin{cases}0, & если\ \deg l_{ij}(x,D)<s_i+t_j\ \ или\ \ l_{ij}(x,D)=0\\ \sum\limits_{|\alpha|=n_j}a_{ij}^{\alpha}(x)D^{\alpha} & если\ \ \deg l_{ij}(x,D)=s_i+t_j.\end{cases}$$

Definição 1.2[5, p 93]. X $x\in X$ $\xi\in R^n\setminus\{0\}$ *O sistema de equações (1.1.2) é chamado elíptico na região de Douglas-Nirenberg , se para qualquer e para qualquer a seguinte condição for válida*

$$\det\widetilde{L}_{s,t}(x,\xi)\ne 0 \qquad .\ (1.1.11)$$

$X\subset R^3$ M ostremos que o sistema clássico das equações de Maxwell (1.1.1) é elíptico de Duglis-Nirenberg na região .

O facto de o sistema de equações de Maxwell ser elíptico segundo Duglis-Nirenberg decorre de um resultado bem conhecido de L.R. Volevich. Nomeadamente, do facto de o determinante do sistema das equações de Maxwell ser um operador escalar elíptico [1], [2].

$(1.1.1'')$ $s=(0,0,0,0,0,0)$ $t=(0,0,0,0,0,0)$ P ara o sistema, escolhemos conjuntos (1.1.9), por exemplo, da forma e . Correspondendo a (1.1.10), a parte principal do operador

$$L(D)=\begin{pmatrix} -ik & 0 & 0 & 0 & -\frac{\partial}{\partial x_3} & \frac{\partial}{\partial x_2} \\ 0 & -ik & 0 & \frac{\partial}{\partial x_3} & 0 & -\frac{\partial}{\partial x_1} \\ 0 & 0 & -ik & -\frac{\partial}{\partial x_2} & \frac{\partial}{\partial x_1} & 0 \\ 0 & -\frac{\partial}{\partial x_3} & \frac{\partial}{\partial x_2} & ik & 0 & 0 \\ \frac{\partial}{\partial x_3} & 0 & -\frac{\partial}{\partial x_1} & 0 & ik & 0 \\ -\frac{\partial}{\partial x_2} & \frac{\partial}{\partial x_1} & 0 & 0 & 0 & ik \end{pmatrix}$$

parece

$$\widetilde{L}_{s,t}(D)=\begin{pmatrix} -ik & 0 & 0 & 0 & 0 & 0 \\ 0 & -ik & 0 & 0 & 0 & 0 \\ 0 & 0 & -ik & 0 & 0 & 0 \\ 0 & 0 & 0 & ik & 0 & 0 \\ 0 & 0 & 0 & 0 & ik & 0 \\ 0 & 0 & 0 & 0 & 0 & ik \end{pmatrix},$$

e o seu determinante

$$\widetilde{L}_{s,t}(D)=k^6\neq 0\,\mathrm{det}\,.$$

Usando a Definição 1.2, concluímos que o sistema (1.1.1) é elíptico de Douglas-Nirenberg.

§ 1.2. Critério de solvabilidade do problema de Cauchy para Equações de Helmholtz

X R^3 $S-$ X X^+ X^- X^- S eja uma região limitada em , e uma superfície lisa e fechada em , dividindo-a em duas componentes ligadas e orientada como fronteira .

$u(x) \in C^2(X^-) \cap C^1(\overline{X^-})$ S eja a função . Considere o problema de Cauchy para a equação de Helmholtz no domínio X^-

$$(\Delta + k^2)u(x) = 0 \quad x \in X^-, \qquad ,$$

$$u(x)|_S = u_0(y); \quad \frac{\partial u(x)}{\partial n}|_S = u_1(y) \quad ,$$

(1.2.1)

k^2 Δ – onde é um número real, o operador de Laplace.

S E ste problema é incorreto e tem no máximo uma solução, i.e.: 1) a solução não existe para quaisquer dados; 2) a solução não depende continuamente dos dados de Cauchy em (ver 1.1 abaixo). No trabalho de A.A.Shlapunov [15 , 16] é dado o critério de solvabilidade do problema de Cauchy para equações e sistemas elípticos. No presente trabalho consideramos um problema análogo para a equação de Helmholtz.

A instabilidade da solução do problema (1.2.1) decorre do seguinte exemplo.

1.1-Exemplo . $\{x_3 = 0\}$ R^3 Seja S um "pedaço" do plano em e

$$u(x) = \sin mx_1 \cdot \sin mx_2 \cdot sh\, x_3 \sqrt{2m^2 - k^2},\ m > k .$$

$u(x)$ R^3 É fácil verificar que a função satisfaz a equação de Helmholtz em . De facto,

$$(\Delta + k^2)u(x) = \Delta(\sin mx_1 \cdot \sin mx_2 \cdot sh\, x_3 \sqrt{2m^2 - k^2}) + k^2 u(x) =$$

$$=(-m^2-m^2+2m^2-k^2)u(x)+k^2u(x)=0.$$

Para além disso,

$$u(x_1,x_2,0)=0\ \frac{\partial u(x_1,x_2,0)}{\partial x_3}=\sqrt{2m^2-k^2}\cdot\sin mx_1\cdot\sin mx_2,\cdot$$

$x=(x_1,x_2,x_3)\ x_1\neq 0,\ \ x_2\neq 0,\ x_3>0$ No entanto, em cada ponto e temos:

$$\lim_{m\to\infty}u(x)=\infty.$$

$\Phi(x,y)$ D enotemos por solução fundamental da equação de Helmholtz no domínio R^3

$$\Phi(x,y)=-\frac{1}{4\pi}\cdot\frac{\exp(ik\,|\,x-y\,|)}{|\,x-y\,|}\ \ x\neq y,\ \ .$$

u_0 и u_1 Na proposição de que são funções somáveis em S, coloquemos

$$\text{F}(x)=\int_S\left(u_0(y)\frac{\partial\Phi(x,y)}{\partial n_y}-u_1(y)\Phi(x,y)\right)dS_y\ \left(x\in X\setminus S\right)\quad.$$

$F\ S\ F^{\mp}\ F\ X^{\mp}$ Claramente, satisfaz a equação de Helmholtz em toda a parte fora de , e que implica uma contração de por .

Lema 1.1. $S\in C^2,\ a\ u_0\in C^1(S)\ u_1\in C(S)\ S\ F^+\ X^+\cup S\ F^-\ X^-\cup S.$

Sejam e funções somáveis em , então a função continua suavemente para se e só se continua suavemente para

Prova. Usemos o facto da existência de uma função suave

$\hat{u}\ S\ X\ \hat{u}|_s=u_0\ \frac{\partial\hat{u}}{\partial n}|_s=u_1$, dada nalguma vizinhança de tal que , ([8] lema 29.5).

$x^0\in S\ n(x^0)-S\ x^0\ |\,\alpha\,|\leq 1,$ Se , é o vetor unitário normal ao ponto e então

$$\lim_{\varepsilon\to 0}\left(\partial^\alpha F(x^0-\varepsilon n(x^0))-\partial^\alpha F(x^0+\varepsilon n(x^0))\right)=\partial^\alpha\hat{u},\qquad(1.2.2)$$

S e o limite é atingido uniformemente em subconjuntos compactos de

.

$F \; X^- \cup S$ Suponhamos, por exemplo, que continua suavemente em . $|\alpha| \leq 1$, Fixe-se então um multi-índice

$$\lim_{\varepsilon\to 0} \partial^\alpha F^+(x^0 + \varepsilon n(x^0)) = \partial^\alpha F^-(x^0) - \partial^\alpha \hat{u}(x^0).$$

$\partial^\alpha F^+ \; X^+ \cup S$ Vamos pré-definir to da seguinte forma:

$$\partial^\alpha F^+(x) = \begin{cases} \partial^\alpha F^+(x), & x \in X^+, \\ \partial^\alpha F^-(x) - \partial^\alpha \hat{u}(x), & x \in S. \end{cases}$$

$\partial^\alpha F^+ \; X^+ \cup S$ Mostramos que é contínua em . $x^0 \in S \; E > 0$ Fixemos um ponto arbitrário e . $\partial^\alpha F^+ \; S, \; \delta_0 > 0 \; x^1 \in S \; |x^1 - x^0| < \delta_0,$ $|\partial^\alpha F^+(x^1) - \partial^\alpha F^+(x^0)| < E/2$ Como é contínua em , existe tal que se e então . $\delta_0, \quad K = \overline{B(x^0, \delta_0)} \cap S -$ Reduzindo, se necessário, podemos assumir que é um subconjunto compacto de S.

$0 < \delta < \delta_0/2 \; x \in X^+ \cap B(x^0, \delta) \; x = x^1 + \varepsilon n(x^1) \; x^1 \in S \; \varepsilon = dist(x, S)$ Como a superfície S é lisa, podemos escolher um número tal que cada ponto seja representado por , onde , e . $\varepsilon > \delta \; |x^0 - x| \leq |x^1 - x| + |x^0 - x^1| < \delta_0 \; x^1 \in K$ Então , logo , ou seja, .

$S, \delta \; x^1 \in K \; 0 < \varepsilon < \delta$ Dado que o limite em (2.2.2.2) é atingido uniformemente em subconjuntos compactos de e reduzindo, se necessário, , podemos então obter que em e a desigualdade é satisfeita

$$|\partial^\alpha F^+(x^1 + \varepsilon n(x^1)) - \partial^\alpha F^+(x^1)| < \varepsilon/2.$$

$x \in X^+ \cap B(x^0, \delta) \; x^1 \in K \; 0 < \varepsilon < \delta \; x = x^1 + \varepsilon n(x^1)$ Seja agora , então para algum e temos . Uma vez que

$$|\partial^\alpha F^+(x^0)-\partial^\alpha F^+(x)|\leq|\partial^\alpha F^+(x^0)-|\partial^\alpha F^+(x^1)|+|\partial^\alpha F^+(x^1+\varepsilon n(x^1))-\partial^\alpha F^+(x^1)|<\varepsilon$$

,

F^+ $X^+\cup S$ F^- $X^-\cup S$ segue-se que suavemente continua a , se suavemente continua a e vice-versa. O lema está provado.

Teorema 1.2. $S\in C^2$ $u_0\in C^1(S)$ $u_1\in C(S)$ S *Sejam , e e funções somáveis em .* F^+ X^+ X *Então, para a solvabilidade do problema (1.2.1) é necessário e suficiente que continue como solução da equação de Helmholtz de para a região .*

Necessidade. u Vamos propor que existe uma função , que é uma solução para o problema (1.2.1). X Consideremos a seguinte função em :

$$V(x)=\begin{cases}F^+(x), & x\in X^+\\ F^-(x)-u(x), & x\in X^-\end{cases} \tag{1.2.3}$$

$S_1\subset S$ $X_1\subset X$ X^- $S_1\subset\partial X_1$ Note-se que, para qualquer subzona, existe uma região em com uma fronteira parcialmente suave tal que . $u\in C^1(\overline{X_1})$ X_1 É claro que as soluções da equação de Helmholtz em , portanto, pela fórmula de Green

$$u(x)=\int_{\partial X_1}\left(u(y)\frac{\partial\Phi(x,y)}{\partial n_y}-\frac{\partial u}{\partial n}(y)\Phi(x,y)\right)dS(y),\ x\in X_1 \quad . \ (1.2.4)$$

Assim, temos:

$$V(x)=F^-(x)-u(x)=\int_{S\setminus S_1}\left(u_0(y)\frac{\partial\Phi(x,y)}{\partial n_y}-u_1(y)\Phi(x,y)\right)dS(y)-$$

$$-\int_{\partial X_1\setminus S_1}\left(u(y)\frac{\partial\Phi(x,y)}{\partial n_y}-\frac{\partial u}{\partial n}(y)\Phi(x,y)\right)dS(y). \tag{1.2.5}$$

S_1 S_1 F^- O s termos do lado direito de (1.2.5) são soluções da equação de Helmholtz na vizinhança de e, portanto, como é arbitrário, continua suavemente no $X^- \cup S$.

F^+ $X^+ \cup S$. $V^\mp$ $X^\mp$ V $X^\mp \cup S$. $x^0 \in S$ A lém disso, segue-se do Lema 1.1 que também continua suavemente a Portanto, a contração de by da função continua suavemente a Além disso, a partir de (1.2.2), pois temos [8]

$$\lim_{\varepsilon \to 0}\left(V^-(x^0 - \varepsilon n(x^0)) - V^+(x^0 + \varepsilon n(x^0))\right) = u_0,$$

$$\lim_{\varepsilon \to 0}\left(\frac{\partial V^-}{\partial n}\left(x^0 - \varepsilon n(x^0)\right) - \frac{\partial V^+}{\partial n}(x^0 + \varepsilon n(x^0))\right) = u_1.$$

V X $V = F^- - u$ Assim, concluímos que a função pode ser suavemente continuada para toda a região , colocando, por exemplo, no S.

V X Segue-se do Teorema 1.2 [8] que a função , é suave em e satisfaz a equação de Helmholtz. V F^+ X Segue-se de (1.2.3) que é a continuação necessária de em .

Suficiência. F^+ X V Sejam as soluções da equação de Helmholtz, denotemos a solução contínua por . F^- $X^- \cup S$. $u(x) = F^-(x) - V(x)$ $(x \in X^-)$ Então segue-se do lema que suavemente continua a Coloquemos .

S u $\frac{\partial u}{\partial n}$ u_0 u_1 Usando as fórmulas (1.2.2) como na prova da necessidade do Teorema 1.2.3, veremos que as contracções on da função e da sua derivada normal são e respetivamente.

§ 1.3. Formas diferenciais. Cohomologias de variedades de Rham

w p $p+1$ dw w x Uma forma diferencial de grau é uma forma diferencial de grau , que é denotada por , e se em coordenadas locais é escrita na forma de

$$w = \sum_{|I|=p} a_I(x) dx_I ,$$

depois

$$dw = \sum_{|I|=p} da_I(x) \wedge dx_I .$$

dw $da_I(x)$ $a_I(x)$ Vamos elaborar sobre , dado que é a diferencial ordinária da função :

$$dw = \sum_{|I|=p} da_I(x) \wedge dx_I = \sum_{|I|=p} \left(\frac{\partial a_I}{dx_1} dx_1 + \cdots + \frac{\partial a_I}{dx_n} dx_n \right) \wedge dx_I =$$

$$= \sum_{|I|=p} \sum_{|j|=1} \frac{\partial a_I}{\partial x_j} \wedge dx_j \wedge dx_{i_1} \wedge \cdots \wedge dx_{i_p} .$$

dw Propriedades do diferencial num sistema de coordenadas local fixo $x = (x_1, ..., x_n)$.

1. $d(\varphi + \psi) = d\varphi + d\psi$ φ, em que $,\psi$ $dw \in C^1$
2. $d(\varphi \wedge \psi) = d\varphi \wedge \psi + (-1)^{\deg \varphi} \varphi \wedge d\psi$ A regra generalizada de Leibniz:
3. $d^2 w = d(dw) = 0$ onde $w \in C^2$.

N ote-se que a forma diferencial 0 é uma função.

Existe um operador de diferenciação (diferencial externo)

$$d : \Omega^p(R^n) \to \Omega^{p+1}(R^n) ,$$

é definido de forma a satisfazer as seguintes propriedades:

O operador de diferenciação externa aumenta o grau da forma em um e actua da seguinte forma:

$h \in \Omega^0(R^n)$, $dh = \sum \frac{\partial h}{\partial x^I} dx^I$,

$\omega = \sum h_I dx_I$, $d\omega = \sum dh_I dx_I$ s e então .

$\omega = xdy - ydx$ **E xemplo 1.2:** Se , então $d\omega = dx \wedge dy - dy \wedge dx = 2dx \wedge dy$

Exemplo 1.3. Se $\omega = xdx + ydy + zdz.$

Então.

$$\begin{aligned} d\omega &= d[xdx + ydy + zdz] = \\ &= d(xdx) + d(ydy) + d(zdz) = \\ &dx \wedge dx + dy \wedge dy + dz \wedge dz = 0 \end{aligned}$$

$d\omega = 0$ Note-se que a igualdade pode ser provada de outra forma. O objetivo é que

$$\omega = df \text{ , onde. } \frac{1}{2} d(x^2 + y^2 + z^2)$$

Então.

$$d\omega = d(df) = 0 \text{ .}$$

1.4.Exemplo de distribuição de Cartan

$$\omega = dy - zdx \text{ .}$$

Тогда

$$\begin{aligned} d\omega &= d(dy - zdx) = \\ &= d(dy) - d(zdx) = -dz \wedge dx = dx \wedge dz. \end{aligned}$$

d R^3 O operador , designado por diferenciação externa, é uma generalização muito abstrata do gradiente, do rotor e da divergência habituais considerados no cálculo vetorial por , como o exemplo abaixo ilustra parcialmente.

dh $\Omega^0(R^3)$ Não é difícil ver que esta propriedade determina de forma única a derivada externa: basta que qualquer 1-forma seja uma combinação linear localmente finita de formas da forma (com coeficientes de .

Vejamos alguns casos especiais que são importantes do ponto de vista da história e das aplicações. $M = R^3$ Seja . $d:\Omega^0(R^3) \to \Omega^1(R^3)$ $d:\Omega^1(R^3) \to \Omega^2(R^3)$ $d:\Omega^2(R^3) \to \Omega^3(R^3)$ O mapeamento é designado por gradiente na literatura de aplicações, o mapeamento por rotor e o mapeamento por divergência.

R^3 $\Omega^0(R^3)$ Para o caso do espaço, os somatórios e $\Omega^3(R^3)$, $\Omega^1(R^3)$ $\Omega^3(R^3)$ C^∞ - Ambos são unidimensionais e tridimensionais sobre funções suaves, pelo que são possíveis as seguintes identificações:

$$\{C^\infty - \text{гладкие функции}\} \cong \{0 - \text{формы}\} \cong \{3 - \text{формы}\},$$

$$h \leftrightarrow \quad h \quad \leftrightarrow h\,dxdydz,$$

u

$$\{C^\infty - \textit{гладкие векторные поля}\} \cong \{1 - \text{формы}\} \cong \{2 - \text{формы}\},$$

$$W = (h_1, h_2, h_3) \leftrightarrow h_1 dx + h_2 dy + h_3 dz \leftrightarrow$$

$$h_1 dydz - h_2 dxdz + h_3 dxdy.$$

Em funções, temos

$$dh = \frac{\partial h}{\partial x}dx + \frac{\partial h}{\partial y}dy + \frac{\partial h}{\partial z}dz$$

Em 1-formas.

$$d(h_1 dx + h_2 dy + h_3 dz) =$$
$$\left(\frac{\partial h_3}{\partial y} - \frac{\partial h_2}{\partial z}\right)dydz - \left(\frac{\partial h_1}{\partial z} - \frac{\partial h_3}{\partial x}\right)dxdz + \left(\frac{\partial h_2}{\partial x} - \frac{\partial h_1}{\partial y}\right)dxdy.$$

Sobre a 2-forma.x

$$d(h_1 dydz - h_2 dxdz + h_3 dxdy) = \left(\frac{\partial h_1}{\partial x} + \frac{\partial h_2}{\partial y} + \frac{\partial h_3}{\partial z} \right) dxdydz.$$

Sequência

$$0 \longrightarrow \Omega^0 \xrightarrow{d^0} \Omega^1 \xrightarrow{d^1} \cdots \xrightarrow{d^{m-1}} \Omega^m \xrightarrow{d^m} \Omega^{m+1} \longrightarrow \cdots$$

$d^m \circ d^{m-1} = 0$ grupos (ou, em particular, espaços lineares) e os seus homomorfismos é chamado um complexo de cadeias se para qualquer $m \geq 1$.

d^m d Normalmente, em vez de escrever .

$Kerd^m$ d^m $Z^m(\Omega)$ $m.$ $\operatorname{Im} d^{m-1}$ d^{m-1} $B^m(\Omega)$ m ,O núcleo dos homomorfismos de é denotado por , e os seus elementos são designados por co-ciclos de grau A imagem dos homomorfismos de é denotada por , e os seus elementos são designados por co-limites de grau .

A cohomologia de **De Rham** é uma teoria de cohomologias baseada em dife-

O grupo de cohomologias k-dimensionais das variedades de Rham é habitualmente designado por [20, p. 22]. M $H^k_{dR}(M)$,O grupo k-dimensional das cohomologias das variedades de Rham é habitualmente designado por [20, p. 22].

CAPÍTULO II. PROBLEMAS DE CAUCHY PARA O SISTEMA DE EQUAÇÕES DE MAXWELL

É bem sabido que o problema de Cauchy para equações e sistemas elípticos é incorreto em todos os espaços de funções padrão. No entanto, surge naturalmente em aplicações: na hidrodinâmica (como o problema de Cauchy para funções holomorfas), na geofísica (como o problema de Cauchy para o operador de Laplace), na teoria da elasticidade (como o problema de Cauchy para o sistema de Lamé), na eletrodinâmica (como o problema de Cauchy para o sistema de Maxwell), etc. Um grande número de trabalhos de matemáticos famosos como J. Adamar, T. Carleman, Goluzin-Krylov, M.M. Lavrentiev, V. Ivanov, Sh. Yarmukhamedov e outros são dedicados a estes problemas. Uma das primeiras fórmulas que restitui uma função holomorfa numa região de um tipo especial pelos seus valores numa parte da fronteira foi proposta por Karleman, e fórmulas deste tipo ficaram conhecidas como fórmulas de Karleman. Todas estas fórmulas e muitas outras, bem como as suas aplicações, são apresentadas na monografia de Eisenberg. No final do século XX, percebeu-se que o problema de Cauchy para sistemas elípticos de equações lineares é equivalente a outro problema incorreto: a "continuação analítica" de um conjunto aberto menor para um maior. No caso dos sistemas elípticos sobredeterminados, esta abordagem, baseada no método das representações integrais e desenvolvida com a participação de L. Eisenberg, N. Tarkhanov, A. Shlapunov e outros, revelou-se também bastante produtiva em termos teóricos e práticos: foram construídas fórmulas simples para soluções exactas e aproximadas do problema.

Nesta base, neste capítulo, são estudados os problemas de Cauchy para o sistema de equações de Maxwell com dois métodos, ou seja, é obtida a fórmula de continuação para o sistema estacionário das equações de Maxwell na região do tipo cap, bem como para a parte da esfera.

Polinómios homogéneos

ν R^n Um polinómio homogéneo de grau no espaço é **designado por** polinómio da forma

$$P(x)=\sum_{|\alpha|=\nu} c_\alpha x^\alpha$$

$\alpha=(\alpha_1,...,\alpha_n)$ $\alpha_j \in Z_+$ $j=1,...n$ em que é o índice múltiplo, , $|\alpha|=\alpha_1+...+\alpha_n$

$\alpha^\alpha=\alpha_1^{\alpha_1},...,\alpha_n^{\alpha_n})$ $c_\alpha \in R$ L_ν ν D. , enotemos por o conjunto de todos os polinómios homogéneos de grau . L_ν Obviamente, é um espaço linear. Suponhamos que

$$D^\alpha=\frac{\partial^{|\alpha|}}{\partial x_1^{\alpha_1}...\partial x_n^{\alpha_n}}$$

$P\in L_\nu$ Se , então

$$P(D)=\sum_{|\alpha|=\nu} c_\alpha D^\alpha$$

- operador diferencial. Em particular, se

$$P(x)=|x|^2=|x_1|^2+...+|x_n|^2,$$

$P(D)=\Delta$ é o operador de Laplace.

L_ν Introduzamos o produto escalar no espaço, colocando

$$\langle P,Q\rangle=P(D)Q,\ P,Q\in L_\nu \qquad .$$

Verifiquemos que a operação introduzida é efetivamente escalar-como uma obra de arte. Em primeiro lugar, constatamos que

$$D^{\alpha}x^{\beta}=\begin{cases}0, & \alpha\neq\beta\\ \alpha!=\alpha_1!...\alpha_n!, & \alpha=\beta.\end{cases}$$

$\langle P,Q\rangle$ Assim, assume valores escalares. Linearidade

$\langle P,Q\rangle$ da função é óbvio, e da igualdade

$$D^{\alpha}x^{\beta}=D^{\beta}x^{\alpha}$$

segue-se a comutatividade. Uma vez que

$$\langle P,P\rangle=\sum_{|\alpha|=k}|c_{\alpha}|^2\alpha!,$$

$\langle P,P\rangle=0$ $P=0$ então se e somente se .

L_{ν} x^{α} $|\alpha|=\nu$ No espaço, os uninómios , , formam um sistema ortogonal

e, portanto, são uma base ortogonal

deste espaço. n_{ν} O número de tais membros é igual ao número de

vezes-

$\alpha=(\alpha_1,...,\alpha_n)$ $\alpha_1+...+\alpha_n=\nu$ multi-indexos pessoais tais que .

$n-\nu-1$ Para encontrar este número, considere uma urna, escolha um

na-

$n-1$ urna da sorte, e colocar uma bola em cada uma das outras urnas. Não é difícil

n_{ν} $n-1$ certifique-se de que o número é igual ao número de formas de seleção de urnas.

$\nu+n-1$ de urnas, ou seja.

$$n_{\nu}=C^{n-1}_{n+\nu-1}=\frac{(n+\nu-1)!}{(n-1)!\nu!}.$$

Polinómios harmónicos homogéneos

ν $P \in L_\nu$ $\Delta P = 0$ Os polinómios harmónicos homogéneos de grau são polinómios tais que . ν A_ν Denotamos o conjunto dos polinómios harmónicos homogéneos de grau por . $A_\nu \subset L_\nu$ É evidente que .

$P \in L_\nu$ **Teorema 0.1** Todo o polinómio pode ser representado na forma

$$P(x) = P_0(x) + |x|^2 P_1(x) + ... + |x|^{2l} P_l(x), \qquad (2.0.1)$$

onde $P_j(x) \in A_{\nu-2j}, \quad j = 0,...,l.$

Prova. $\nu \geq 2$ $\nu = 0,1$ $L_\nu = A_\nu$ Suponhamos que (at).

Considere-se um subespaço linear

$$|x|^2 L_{\nu-2} = \{P \in L_\nu : P(x) = |x|^2 Q(x), \ Q \in L_{\nu-2}\}$$

A_ν Vamos provar que o seu complemento ortogonal é . $P_1 \in L_\nu$ Sejam e para todo $P_1 \in L_{\nu-2}$

$$\langle R, P_1 \rangle = 0, \qquad (2.0.2)$$

$R(x) = |x|^2 Q(x).$ em que Mas

$$\langle R, P_1 \rangle = \Delta Q(D) P_1 = Q(D) \Delta P_1 = \langle Q, \Delta P_1 \rangle. \qquad (2.0.3)$$

$Q \in L_{\nu-2}$ $Q = \Delta L_{\nu-2}$ Escolhamos tal que . Decorre de (2.0.3) que

$$\langle \Delta P_1, \Delta P_1 \rangle = 0..$$

$\Delta P_1 = 0$ $\Delta P_1 \in A_\nu$ Por conseguinte, e . $\Delta P_1 = 0$ $Q \in \Delta L_{\nu-2}$ Segue-se de (2.0.3) que o inverso também é verdadeiro, ou seja, se , então para todos segue-se que

igualdade (2.0.2). Assim, prova-se que

$$L_\nu = A_\nu \oplus |x|^\nu L_{\nu-2}. \qquad (2.0.4)$$

$P \in L_\nu$ Seja . Então existem polinómios homogéneos

$P_0 \in A_\nu$ $Q_1 \in L_{\nu-2}$ e que

$$P(x) = P_0(x) + |x|^2 Q_1(x).$$

$k \geq 4$, Se , pode ser representado da seguinte forma $Q_1(x)$

$$Q_1(x) = P_1(x) + |x|^2 Q_2(x),\ P_1 \in A_{k-2}, (\text{ x}),\ Q_1 \in L_{k-4}.$$

Ao fazê-lo.

$$P(x) = P_0(x) + |x|^2 P_1(x) + |x|^4 Q_1(x),$$

Continuando este processo, chegamos à representação (2.0.1).

Corolário 2.1. Para **todos os** $k \geq 2$

$$a_k = \dim A_k = n_k - n_{k-2} = (n + 2k - 2)\frac{(n+k-3)}{(n-2)!k!}. \tag{2.0.5}$$

Prova. De (2.0.5) temos

$$n_k = \dim L_k = \dim A_k + \dim |x|^k L_{k-2} = \dim A_k + n_{k-2}.$$

Daqui resulta (2.0.5).

$A_k = L_k\ k = 0,1,$ Devido ao facto de termos

$$a_0 = \dim A_0 = 1, \quad a_1 = \dim A_1 = n.$$

§2.1 A fórmula de Stratton-Chu

Começamos a nossa análise com a derivação das fórmulas de Stratton-Chu, que mostram que qualquer solução do sistema de equações de Maxwell (1.1.1) pode ser representada como um campo eletromagnético excitado por uma combinação de dipolos eléctricos e magnéticos localizados numa superfície.

$E, H \in C^1(X) \cap C(\bar{X})$ **Teorema 2.1***[21] Seja uma solução do sistema de equações de Maxwell (1.1.1) na forma* X

Seguem-se as fórmulas clássicas de Stratton-Chu

$$rot\int_{\partial X}[\nu(y),E(y)]\Phi(x,y)ds(y)-$$
$$-\frac{1}{ik}rotrot\int_{\partial X}[\nu(y),H(y)]\Phi(x,y)ds(y)=$$
$$=\begin{cases}-E(x), & x\in X,\\ 0, & x\in R^3\setminus\overline{X},\end{cases}$$

и

$$rot\int_{\partial X}[\nu(y),H(y)]\Phi(x,y)ds(y)-$$
$$-\frac{1}{ik}rotrot\int_{\partial X}[\nu(y),E(y)]\Phi(x,y)ds(y)=$$
$$=\begin{cases}-H(x), & x\in X,\\ 0, & x\in R^3\setminus\overline{X}.\end{cases}$$

Prova. $x\in X$ $e\in R^3$Utilizamos as notações introduzidas na prova da fórmula de Green para a equação de Helmholtz e escolhemos um ponto fixo arbitrário e um vetor unitário fixo arbitrário . E H $rotrotrot\ e\Phi=k^2 rot\ e\Phi$, Usando as equações de Maxwell para e e a relação, encontramos

$$div\left\{[E,rot\,e\Phi]-\frac{1}{ik}[H,rotrot\,e\Phi]\right\}=0 \text{ в } \quad X\setminus\{x\}.$$

Assim, do teorema de Gauss obtemos

$$\int_{\partial X+B_{x,r}}\{(\nu(y),E(y),rot_y e\Phi(x,y))-$$
$$-\frac{1}{ik}(\nu(y),H(y),rot_y rot_y e\Phi(x,y))\}ds(y)=0.$$

Usando o teorema de Stokes e a segunda equação de Maxwell, temos

$$\int_{B_{x,r}}(\nu(y),H(y),grad_y div_y e\Phi(x,y))=$$
$$-ik\int_{B_{x,r}}(\nu(y),E(y)),div_y e\Phi(x,y)ds(y).$$

$B_{x,r}$Então, como em existe $\Phi(x,y)=O(1/r)$

и

$$div\, e\Phi(x,y) = \frac{(\nu(y), e)}{4\pi r^2} + O\left(\frac{1}{r^3}\right),$$

$$rot\, e\Phi(x,y) = \frac{[\nu(y), e]}{4\pi r^2} + O\left(\frac{1}{r^3}\right),$$

utilizar a relação $rotrot\, e\Phi = k^2 e\Phi + graddiv\, e\Phi$
и por cálculo direto obtém-se

$$\lim_{r\to\infty} \int_{B_{x,r}} \{(\nu(y), E(y), rot_y e\Phi(x,y)) -$$
$$-\frac{1}{ik}(\nu(y), H(y), rot_y rot_y e\Phi(x,y))\} ds(y) = (e, E(x)).$$

Finalmente, devido à simetria da relação $grad_x\, \Phi(x,y) = -grad_y \Phi(x,y)$
и facilmente demonstrável что

$$(\nu(y), E(y), rot_y e\Phi(x,y)) = (e, E(y), rot_x[\nu(y), E(y)]\Phi(x,y))$$

и

$$(\nu(y), H(y), rot_y rot_y e\Phi(x,y)) = (e, rot_x, rot_x[\nu(y), H(y)]\Phi(x,y))$$

Assim, obtemos que

$$\left(e, \int_{\partial X} \{rot_x[\nu(y), E(y)]\Phi(x,y) - \frac{1}{ik} rot_x rot_x[\nu(y), E(y)]\Phi(x,y)\} ds(y) + E(x)\right) = 0.$$

e Devido à arbitrariedade de , a validade do Teorema 2.1 para $x \in X.$

$x \in R^3 \setminus \overline{X},$ Se então a prova é obtida de forma análoga a partir da identidade

$$\int_{\partial X} \{(\nu(y), E(y), rot_y e\Phi(x,y)) - \frac{1}{ik}(\nu(y), H(y), rot_y rot_y \Phi(x,y))\} ds(y) = 0.$$

$H,$ Agora é fácil obter a representação para o campo usando a relação $H = (1/ik) rot E.$

21] Teorema 2.2[*As componentes cartesianas de qualquer solução continuamente diferenciável de um sistema de equações de Maxwell são funções analíticas de coordenadas.*

Em particular, as componentes cartesianas das soluções do sistema das equações de Maxwell são duas vezes continuamente diferenciáveis. Assim, podemos utilizar a identidade vetorial

$$rotrotE = -\Delta E + graddivE,$$

A expressão do sistema de equações de Maxwell (1.1.1) em termos de formas diferenciais conduz a uma maior notação e simplificação concetual. R^3 Introduzamos o complexo de Rham em

$$0 \longrightarrow \Omega^0(R^3) \xrightarrow{d^0} \Omega^1(R^3) \xrightarrow{d^1} \Omega^2(R^3) \xrightarrow{d^2} \Omega^3(R^3) \longrightarrow 0,$$

$\Omega^0(R^3)$ R^3 $\Omega^1(R^3)$ $\Omega^i(R^3)$ i aqui é o espaço das funções suaves em , é o espaço das formas 1, ou seja, é o espaço das formas. E u H f Então podemos escolher como forma diferencial de grau 1, como forma diferencial de grau 2. $E = (E_1, E_2, E_3)$ $u = E_1dx^1 + E_2dx^2 + E_3dx^3$ $H = (H_1, H_2, H_3)$ H_1 dx^1 H_2 dx^2 H_3 dx^3 Mais explicitamente, identificamos o vetor com a 1-forma e o vetor com a 2-forma *f*= ★ + ★ + ★ onde ★ é o operador de Hodge. $rotE$ du $rotH$ d^*f d^* d d Então corresponde exatamente a e com , onde =★ ★ é o operador formalmente conjugado para . $d : \Omega^i \to \Omega^{i+1}$ $d^* : \Omega^i \to \Omega^{i-1}$ d^* $\Delta = d^*d + dd^*$ $\Omega^i(X)$ $\Omega^i(X)$ Usando os operadores (o operador de diferenciação externa que aumenta o grau da forma em um) e (o operador que diminui o grau da forma em um) construímos o conhecido operador ou, de outro modo, o Laplaciano de Rham , que é um operador diferencial elíptico não-negativo formalmente auto-adjunto de ordem dois Δ: → .

d^*O operador é conjugado com o operador externo em relação ao produto escalar

$\langle du, f\rangle = \langle u, d^* f\rangle$ $u \in \Omega^{i}(X)$ и $f \in \Omega^{i+1}(X)$, em que .

Δ $d\Delta = \Delta d$ $d^*\Delta = \Delta d^*$ $\Delta = \Delta$ O operador comuta com os dois operadores originais e , e com o operador de Hodge ★ ★ , que é um conhecido isomorfismo de espaços vectoriais, ★: $\Omega^{i}(X) \to \Omega^{i-1}(X)$, i.e.

$dx^{i} = (-1)^{i-1} dx^1 \wedge dx^2 \wedge \ldots \wedge \hat{d}^{i} x \wedge dx^{i+1} \wedge \ldots \wedge dx^n$ ★

$dx^1 = dx^2 \wedge dx^3$ $dx^2 = dx^3 \wedge dx^1$ $dx^3 = dx^1 \wedge dx^2$ R^3 ★ , ★ , ★ em .

Para 1 forma:

$$du = d(E_1 dx^1 + E_2 dx^2 + E_3 dx^3) = \left(\frac{\partial E_1}{\partial x^1}dx^1 + \frac{\partial E_1}{\partial x^2}dx^2 + \frac{\partial E_1}{\partial x^3}dx^3\right)dx^1 +$$

$$+\left(\frac{\partial E_2}{\partial x^1}dx^1 + \frac{\partial E_2}{\partial x^2}dx^2 + \frac{\partial E_2}{\partial x^3}dx^3\right)dx^2 + \left(\frac{\partial E_3}{\partial x^1}dx^1 + \frac{\partial E_3}{\partial x^2}dx^2 + \frac{\partial E_3}{\partial x^3}dx^3\right)dx^3$$

$$=\left(\frac{\partial E_3}{\partial x^2} - \frac{\partial E_2}{\partial x^3}\right)dx^2 \wedge dx^3 - \left(\frac{\partial E_1}{\partial x^3} - \frac{\partial E_3}{\partial x^1}\right)dx^1 \wedge dx^3 + \left(\frac{\partial E_2}{\partial x^1} - \frac{\partial E_1}{\partial x^2}\right)dx^1 \wedge dx^2$$

$$=\left(\frac{\partial E_3}{\partial x^2} - \frac{\partial E_2}{\partial x^3}\right)dx^2 \wedge dx^3 + \left(\frac{\partial E_1}{\partial x^3} - \frac{\partial E_3}{\partial x^1}\right)dx^3 \wedge dx^1 + \left(\frac{\partial E_2}{\partial x^1} - \frac{\partial E_1}{\partial x^2}\right)dx^1 \wedge dx^2$$

Для 2 -formas:

$d^* f$ d f =★ ★ =★ $d(H_1 dx^1 + H_2 dx^2 + H_3 dx^3) =$

$$★\left[\left(\frac{\partial H_3}{\partial x^2} - \frac{\partial H_2}{\partial x^3}\right)dx^2 \wedge dx^3 + \left(\frac{\partial H_1}{\partial x^3} - \frac{\partial H_3}{\partial x^1}\right)dx^3 \wedge dx^1 + \left(\frac{\partial H_2}{\partial x^1} - \frac{\partial H_1}{\partial x^2}\right)dx^1 \wedge dx^2\right] =$$

$$=\left(\frac{\partial E_3}{\partial x^2} - \frac{\partial E_2}{\partial x^3}\right)dx^1 + \left(\frac{\partial E_1}{\partial x^3} - \frac{\partial E_3}{\partial x^1}\right)dx^2 + \left(\frac{\partial E_2}{\partial x^1} - \frac{\partial E_1}{\partial x^2}\right)dx^3$$

Assim, o sistema de equações de Maxwell (1.1.1) pode ser escrito na forma

$$\begin{aligned} &iku + d^* f = 0, \\ &-ikf + du = 0, \end{aligned} \qquad (2.1.1)$$

u f R^3 u f i i+1 R^n $-1 \le i \le n$ o que faz sentido não só para as formas diferenciais e de grau 1 e 2 em , mas também para as formas diferenciais e de grau e respetivamente em , onde .

Definição 2.1. $-1 \le i \le 3$ R^3 i *Seja . Definimos o operador de Maxwell para o complexo de Rham num passo como*

$$M^i = \begin{pmatrix} ik & d^{i*} \\ d^i & -ik \end{pmatrix} .$$

d^* $iku + d^* f = 0,\ d^{i-1^*} u = 0$ $k \ne 0$ P or outro lado, aplicando a ambas as partes de concluímos que , se . $-ikf + du = 0,\ d^{i+1} f = 0$ $k \ne 0$ Do mesmo modo, conclui-se que se .

$X \subset R^3$ U m exemplo caraterístico e importante de um sistema elíptico por Douglas-Nirenberg e não-elíptico por Petrovsky é o sistema das equações de Maxwell (2.1.1) no domínio .

Exemplo 2.1. R^3 i *No caso do complexo de de Rham no passo =0, o sistema de equações de Maxwell (2.1.1) tem a seguinte forma*

$$iku - divf = 0,$$
$$-ikf + gradu = 0,$$

ou

$$\begin{aligned} -iku + divf &= 0, \\ -ikf + gradu &= 0. \end{aligned} \qquad (2.1.2)$$

M^0 O sistema (2.1.2) com coeficientes constantes e o seu operador é:

$$M^0 = \begin{pmatrix} -ik & \frac{\partial}{\partial x_1} & \frac{\partial}{\partial x_2} & \frac{\partial}{\partial x_3} \\ \frac{\partial}{\partial x_1} & -ik & 0 & 0 \\ \frac{\partial}{\partial x_2} & 0 & -ik & 0 \\ \frac{\partial}{\partial x_3} & 0 & 0 & -ik \end{pmatrix}$$

$s\ t$ T entemos encontrar vectores e com componentes inteiras que satisfaçam simultaneamente as condições (1.1.9) , (1.1.11).

Para o sistema (2.1.2) escolhemos os conjuntos (1.1.9), por exemplo, a forma

$$s = (2,1,1,1)\ t = (0,-1,-1,-1)$$

M^0 A parte principal do operador correspondente a (1.1.10) tem a forma

$$\widetilde{M}^0_{s,t}(D) = \begin{pmatrix} 0 & \frac{\partial}{\partial x_1} & \frac{\partial}{\partial x_2} & \frac{\partial}{\partial x_3} \\ \frac{\partial}{\partial x_1} & -ik & 0 & 0 \\ \frac{\partial}{\partial x_2} & 0 & -ik & 0 \\ \frac{\partial}{\partial x_3} & 0 & 0 & -ik \end{pmatrix},$$

e o seu determinante

$$\det \widetilde{M}^0_{s,t}(D) = k^2(\xi_1^2 + \xi_2^2 + \xi_3^2) \neq 0 \qquad \forall \xi \in R^3, k \neq 0$$

Usando a Definição 2.1, concluímos que o sistema (2.1.1) é elíptico de Douglas-Nirenberg.

Exemplo 2.2. R^2 i M^i*No caso do complexo de Rham no passo =2, o operador de Maxwell tem a forma*

$$M^2 = \begin{pmatrix} -ik & 0 & \frac{\partial}{\partial x_1} \\ 0 & -ik & \frac{\partial}{\partial x_2} \\ \frac{\partial}{\partial x_1} & \frac{\partial}{\partial x_2} & -ik \end{pmatrix}.$$

$s = (0,0,1)\ t = (0,0,1)$ Para os conjuntos que satisfazem a condição (1.1.9) , , parte principal relevante

$$\widetilde{M}^2_{s,t}(D) = \begin{pmatrix} -ik & 0 & \frac{\partial}{\partial x_1} \\ 0 & -ik & \frac{\partial}{\partial x_2} \\ \frac{\partial}{\partial x_1} & \frac{\partial}{\partial x_2} & 0 \end{pmatrix}$$

corresponde ao determinante:

$$\det \widetilde{M}^2_{s,t}(D) = \begin{vmatrix} -ik & 0 & \xi_1 \\ 0 & -ik & \xi_2 \\ \xi_1 & \xi_2 & 0 \end{vmatrix} = ik(\xi_1^2 + \xi_2^2) \neq 0, \ \forall \xi \in \mathrm{R}^2 \setminus \{0\}, k \neq 0.$$

R^2 i Por conseguinte, o sistema (2.1.1) no caso do complexo de Rham

no passo =2

será elíptica, de acordo com Douglas-Nirenberg.

Exemplo 2.3. R^n i M^i *No caso do complexo de Rham no passo =2, o operador de Maxwell tem a forma*

$$M^2 = \begin{pmatrix} -ik & 0 & 0 & 0 & \dots & \frac{\partial}{\partial x_1} \\ 0 & -ik & 0 & 0 & 0 & \frac{\partial}{\partial x_2} \\ 0 & 0 & -ik & 0 & 0 & \frac{\partial}{\partial x_3} \\ 0 & 0 & 0 & -ik & 0 & \vdots \\ \vdots & 0 & 0 & 0 & \ddots & \frac{\partial}{\partial x_n} \\ \frac{\partial}{\partial x_1} & \frac{\partial}{\partial x_2} & \frac{\partial}{\partial x_3} & \dots & \frac{\partial}{\partial x_n} & -ik \end{pmatrix}$$

$s = (s_1 = 0, s_2 = 0, \dots, s_{N+1} = 1)$ $t = (t_1 = 0, t_2 = 0, \dots, t_{N+1} = 1)$ correspondentes aos conjuntos , , , a parte principal do operador diferencial matricial M^i

$$\widetilde{M}^2_{s,t} = \begin{pmatrix} -ik & 0 & 0 & 0 & \dots & \frac{\partial}{\partial x_1} \\ 0 & -ik & 0 & 0 & 0 & \frac{\partial}{\partial x_2} \\ 0 & 0 & -ik & 0 & 0 & \frac{\partial}{\partial x_3} \\ 0 & 0 & 0 & -ik & 0 & \vdots \\ \vdots & 0 & 0 & 0 & \ddots & \frac{\partial}{\partial x_n} \\ \frac{\partial}{\partial x_1} & \frac{\partial}{\partial x_2} & \frac{\partial}{\partial x_3} & \dots & \frac{\partial}{\partial x_n} & 0 \end{pmatrix}$$

e o seu determinante

$$\det \widetilde{M}^0_{s,t}(D) \neq 0 \qquad \forall \xi \in R^n, k \neq 0$$

R^n i Por conseguinte, o sistema (2.1.1) no caso do complexo de Rham no passo =2 será elíptico de Douglas-Nirenberg.

$M^i(u,f)$ $M(u,f)$ $u \in C^\infty(X, F^i)$ Como é habitual, escrevemos simplesmente para , para não haver confusão.

Para estudar o problema de Cauchy, precisamos de uma representação integral. Normalmente, esta é construída através de uma solução fundamental adequada e da fórmula de Green. Para contornar esta dificuldade, podemos, por exemplo, escolher o operador

$$C = \begin{pmatrix} ik + (1/ik)dd^* & d^* \\ d & -ik - (1/ik)d^*d \end{pmatrix} \tag{2.1.3}$$

de uma forma que seja justa

Lema 2.1. *C Tal como definido acima, satisfaz*

$$CM = MC = \begin{pmatrix} \Delta - k^2 & 0 \\ 0 & \Delta - k^2 \end{pmatrix}.$$

Prova.

$$CM = MC =$$

$$= \begin{pmatrix} -k^2 + dd^* + d^*d & ikd^* + (1/ik)dd^*d^* - ikd^* \\ ikd - ikd - (1/ik)d^*dd & dd^* - k^2 + d^*d \end{pmatrix} =$$

$$= \begin{pmatrix} \Delta - k^2 & 0 \\ 0 & \Delta - k^2 \end{pmatrix}.$$

$\Delta - k^2$ D enotemos por G a solução fundamental de .

X Seja uma variedade compacta com arestas suavemente embebidas numa variedade maior

C^∞ X' $X' \subset R^3$ e a sequência de Rham é definida sobre o conjunto .

$X' = R^3$, X Se , então a imagem de pode ser qualquer região limitada na

R^3

Lema 2.2. *Operador pseudodiferencial*

$$\Phi = \begin{pmatrix} G(ik + (1/ik)dd^*) & Gd^* \\ Gd & G(-ik - (1/ik)d^*d) \end{pmatrix}$$

M X' existe uma solução fundamental esquerda do operador de Maxwell para .

Prova . Do lema 2.1 resulta imediatamente que.

$$\Phi = \begin{pmatrix} G & 0 \\ 0 & G \end{pmatrix} \circ C$$

M é a solução fundamental esquerda de . C Resta substituir a expressão explícita (1.1.3) para .

Teorema 2.2. $u \in H^1(X, F^i)$ $f \in H^1(X, F^{i+1})$ $M^i(u, f) = 0$ X *Para cada e , satisfazendo dentro de , segue-se que*

$$\int_{\partial X} \Phi(x, y) \begin{pmatrix} in(f) \\ -\nu \wedge t(u) \end{pmatrix} ds = \begin{cases} \begin{pmatrix} u(x) \\ f(x) \end{pmatrix}, & если \quad x \in X \setminus \partial X, \\ 0, & если \quad x \in X' \setminus X, \end{cases}$$

$\nu(y)$ $y \in \partial X$ ds X aqui, é o vetor unitário exterior da normal à fronteira no ponto , medida da superfície em .

Prova. Esta fórmula é um caso especial da fórmula geral de Green [37, 2.5.4], em que

$$\sigma(M) = \begin{pmatrix} 0 & \sigma(d^*) \\ \sigma(d) & 0 \end{pmatrix}.$$

Para as equações de Maxwell clássicas, a fórmula do Teorema 2.1 é conhecida como a fórmula de Stratton-Chu, ver [36]. [36]. Φ Neste caso, exibe uma estrutura mais refinada, uma vez que a solução fundamental pode ser escrita explicitamente.

Corolário 2.1. (E, H) X, E H *Seja uma onda electromagnética na componente eléctrica e na componente magnética , que é contínua até à fronteira. Então*

$$\begin{pmatrix} (1/ik)d^*d & -d^* \\ -d & -(1/ik)dd^* \end{pmatrix} \int_{\partial X} e(x-y) \begin{pmatrix} in(H) \\ -\nu \wedge t(E) \end{pmatrix} ds = \begin{pmatrix} E(x) \\ H(x) \end{pmatrix}$$

$x \in X \setminus \partial X$ X *para todo , e o lado esquerdo desaparece mais longe de .*

Prova . A partir de (2.1.3) é fácil deduzir que.

$$C = \begin{pmatrix} \frac{1}{ik}((ik)^2 + dd^*) & d^* \\ d & -\frac{1}{ik}((ik)^2 + d^*d) \end{pmatrix} =$$

$$\begin{pmatrix} \frac{1}{ik}(\Delta - k^2 - d^*d) & d^* \\ d & -\frac{1}{ik}(\Delta - k^2 - dd^*) \end{pmatrix},$$

para que

$$\Phi(x,y) = -\begin{pmatrix} -\frac{1}{ik}d^*de(x-y) & d^*e(x-y) \\ de(x-y) & \frac{1}{ik}dd^*e(x-y) \end{pmatrix}$$

$R^3 \setminus \{y\}$ $(\Delta + k^2) = 0$ em para longe da origem.

$\sigma(\Delta)(v) = |v|^2 I_{k_3} = I_{k_3}$ P ara completar a prova, basta usar o Teorema 2.1 e observar que, no nosso caso especial.

Pode verificar-se facilmente que

$$M\begin{pmatrix} \frac{1}{ik}d^*d & -d^* \\ -d & -\frac{1}{ik}dd^* \end{pmatrix} = \begin{pmatrix} 0 & -\frac{1}{ik}d^*(\Delta - k^2) \\ \frac{1}{ik}d(\Delta - k^2) & 0 \end{pmatrix},$$

$R^3 \setminus \partial X$ $t(u)$ $n(f)$ Assim, a parte esquerda da fórmula do Corolário 2.1 satisfaz as equações de Maxwell em para todas as funções integráveis e na fronteira. Assim, chegamos ao que se costuma chamar o integral de Cauchy associado às equações de Maxwell, [37, 3.2.3].

§2.2 O problema de Cauchy. Sistema com dupla ortogonalidade

$t(u)$ $n(f)$ u f Combinando os sistemas das equações de Maxwell com os dados de e determinamos e na fronteira, para

$$n(u) = -(1/ik)n(d^* f),$$
$$t(f) = (1/ik)t(du)$$

$n(d^* f)$ $t(du)$ $n(f)$ $t(u)$ ∂X e é exclusivamente determinado por e (os chamados operadores tangentes em , ver [37, 3.1.5]). X (u,f) $M(u,f)=0$ $t(u)$ $n(f)$ ∂X Assim, o problema de Cauchy para o sistema de equações de Maxwell em consiste em encontrar a solução de em com dados e numa parte da superfície [39],[13].

S X S eja uma parte aberta na fronteira de . X S O problema de Cauchy para o sistema das equações de Maxwell em com dados em é o seguinte. (u,f) $M(u,f)=0$ X $t(u)=u_0$ $n(f)=f_0$ S Encontre uma solução de satisfazendo dentro de e tal que e em :

$$\begin{cases} M(u,f)=0 & в \quad X \setminus \partial X, \\ t(u)=u_0 & на \quad S, \\ n(f)=f_0 & на \quad S. \end{cases}$$

(2.2.1)

u_0 f_0 S P ara estudar o problema (2.2.1), introduzimos o integral completamente definido pelos dados de Cauchy e em , nomeadamente

$$G(u_0,f_0)(x) = \int_S \Phi(x-y)\begin{pmatrix} if_0 \\ -\nu \wedge u_0 \end{pmatrix} ds$$

$x \in R^3 \setminus \bar{S}$ para . $\Phi(x-y)$ $R^3 \times R^3$ $G(u_0,f_0)$ $\bar{S}$ Uma vez que a solução fundamental de é analítica real fora da diagonal de , é analítica real para além de .

$G(u_0,f_0)$ Além disso, o potencial satisfaz as equações de Maxwell $M(u,f)=0$ $R^3 \setminus \bar{S}$ e m . $G(u_0,f_0)$ $(\Delta + k^2)G = 0$ $\bar{S}$ Em particular, as componentes da função vetorial são soluções da equação de Helmholtz (escalar) no complemento de .

Teorema 2.2. (u,f) S $G(u_0,f_0)$ $R^3\setminus X$ S x *Para que exista uma solução do problema de Cauchy (2.2.1) contínua até , é necessário e suficiente que o integral possa ser continuado de até como uma função real-analítica.*

Prova. ***Necessidade.*** (u,f) S Suponhamos que existe uma solução do problema de Cauchy (2.2.1) que é contínua para . U иPredefinamos os campos elétrico e magnético F

$$\begin{pmatrix} U(x) \\ F(x) \end{pmatrix} = \begin{cases} G(x_0,y_0) - \begin{pmatrix} u \\ f \end{pmatrix} & в \ X\setminus\partial X, \\ G(u_0,f_0) & в \ R^3\setminus X. \end{cases}$$

$U^{\pm}$ U $X\setminus\partial X$ $R^3\setminus\overline{X}$ F Escrevamos para a contração de em conjuntos abertos e , respetivamente, e do mesmo modo para . X u f X Reduzindo , se necessário, podemos assumir que e são contínuos até ao limite de . Usando o Teorema 2.1 [43], obtemos

$$\begin{pmatrix} U^+(x) \\ F^+(x) \end{pmatrix} = \int_S \Phi(x-y)\begin{pmatrix} if_0 \\ -\nu\wedge u_0 \end{pmatrix} ds - \int_{\partial X} \Phi(x,y)\begin{pmatrix} in(f) \\ -\nu\wedge t(u) \end{pmatrix} ds$$
$$= -\int_{\partial X\setminus S} \Phi(x-y)\begin{pmatrix} in(f) \\ -\nu\wedge t(u) \end{pmatrix} ds$$

x X para todo o interior da vizinhança de . U^+ F^+ S $(R^3\setminus\partial X)\cup S$ Segue-se que e continuam como funções reais analíticas no conjunto . Aplicando novamente o Teorema 2.1 de [46], temos

$$-\int_{\partial X\setminus S} \Phi(x,y)\begin{pmatrix} in(f) \\ -\nu\wedge t(u) \end{pmatrix} ds = \int_S \Phi(x,y)\begin{pmatrix} in(f) \\ -\nu\wedge t(u) \end{pmatrix} ds = \begin{pmatrix} U^-(x) \\ F^-(x) \end{pmatrix}$$

$x\in R^3\setminus X$ em que . $G(u_0,f_0)$ $R^3\setminus X$ S X Portanto, continua em através de dentro como uma função analítica real, o que era necessário provar.

Suficiência. U F $(R^3 \setminus \partial X) \cup S$ Inversamente, sejam e analíticos reais em , tais que

$$\begin{pmatrix} U(x) \\ F(x) \end{pmatrix} = G(u_0, f_0)$$

X $M(U,F)=0$ $R^3 \setminus X$ afastado de , então é em . $M(U,F)$ $(R^3 \setminus \partial X) \cup S$ X Uma vez que é analítico com valor real em , de facto também é zero em . Vamos lá

$$\begin{pmatrix} u(x) \\ f(x) \end{pmatrix} = G(u_0, f_0)(x) - \begin{pmatrix} U(x) \\ F(x) \end{pmatrix}$$

x X onde está na vizinhança de . u f S Do que já se provou que e são contínuos até e satisfazem a equação de Maxwell. (u,f) Mostremos que , é a solução desejada de (2.2.1). $t(u)=u_0$ $n(f)=f_0$ S Para o verificar, resta verificar que e está em . $G_e(u_0,f_0)$ $G_m(u_0,f_0)$ $G(u_0,f_0)$ Para o efeito, denotemos por e as componentes de , que são os campos elétrico e magnético, respetivamente. U F $(R^3 \setminus \partial X) \cup S$ Como e são contínuos, em , pela fórmula de Sohotsky-Plemel temos [9, p. 105]

$$\begin{aligned} t(u) &= t(G_e(u_0,f_0)^+ - U^+) \\ &= t(G_e(u_0,f_0)^+ - U^-) \\ &= t(G_e(u_0,f_0)^+ - G_e(u_0,f_0)^-) \\ &= u_0 \end{aligned}$$

S em . Da mesma forma,

$$\begin{aligned} n(f) &= n(G_m(u_0,f_0)^+ - F^+) \\ &= n(G_m(u_0,f_0)^+ - F^-) \\ &= n(G_m(u_0,f_0)^+ - G_m(u_0,f_0)^-) \\ &= f_0 \end{aligned}$$

S e m , que é a nossa reivindicação.

$R^3 \setminus X$ S X S O Teorema 2 pode ser generalizado dizendo que qualquer fórmula explícita para a continuação analítica de até ao interior de conduz a uma fórmula para soluções do problema de Cauchy com dados em . Esta ideia remonta pelo menos a [3],[19].

Sistemas com dupla ortogonalidade

O problema da continuação no espaço de Hilbert tem uma solução satisfatória em termos de uma base com dupla ortogonalidade [12],[30] ,[14],[38] (ver também [7] para sistemas mais gerais). Esta ideia pertence a S.Bergman (1927), que a utilizou para derivar critérios de continuação analítica.

X $B = B(0,R)$ $R > 0$ V amos aplicar este método à solução do problema de Cauchy para um sistema homogéneo das equações de Maxwell no caso especial em que é parte de uma esfera com centro (na origem) em zero e raio, antes de desenvolver a teoria no caso geral. S B, $x = 0$ B Seja uma hipersuperfície lisa e fechada, na qual não passa pelo ponto e se divide em duas regiões. X Denotemos por ponto a região que não contém a origem. S ∂B R^3 A sua fronteira é constituída pelo ponto e pela parte da esfera em cm. Figura 1. X B A vantagem de usar a região indicada é que o problema se reduz à continuação analítica de uma pequena esfera em torno de 0 para . $G(u_0, f_0)$ $MG(u_0, f_0) = 0$ $(\Delta + k^2)G(u_0, f_0) = 0$ X Como mencionado, o integral satisfaz ambas as equações e fora do fecho . A última equação escalar de Helmholtz decorre da primeira. $B(0,\varepsilon)$ $B(0,R)$ $G(u_0, f_0)$. $\Delta + k^2$ R^3 A última equação escalar de Helmholtz decorre da primeira. Aqui usamos uma base com dupla ortogonalidade no espaço de Hilbert, a solução da equação de Helmholtz para derivar a condição de continuação analítica de para para O operador de Helmholtz no espaço de coordenadas esféricas é o seguinte:

$$\Delta + k^2 = \frac{1}{r^2}\left(\left(r\frac{\partial}{\partial r}\right)^2 + r\frac{\partial}{\partial r} + k^2r^2 - \Delta_S\right),$$

(2.2.2)

$\Delta_S = -\frac{1}{\sin\theta}\frac{\partial}{\partial\theta}\left(\sin\theta\frac{\partial}{\partial\theta}\right) - \frac{1}{\sin^2\theta}\frac{\partial^2}{\partial\varphi^2}$ onde é o operador de Laplace-Beltrami na esfera unitária. k^2 Recorde-se que é um número real arbitrário.

$(\Delta + k^2)u = 0$ P ara resolver a equação homogénea, vamos utilizar o método de Fourier, ou seja, o método de separação de variáveis. Vamos colocar

$$u = g(r,k)h(\varphi)$$

g obtemos duas equações separadas para e h

$$\left(\left(r\frac{\partial}{\partial r}\right)^2 + r\frac{\partial}{\partial r} + k^2r^2\right)g = cg,$$

$$\Delta_S h = ch,$$

c em que é uma constante arbitrária.

c Δ_S A segunda equação tem uma solução não nula quando é um valor próprio do operador . $c = \nu(\nu+1),\ \nu = 0,1,\dots,$ Estes valores próprios são bem conhecidos onde [40].

Δ_S $h_\nu(\varphi)$ ν A s funções próprias correspondentes a estes valores próprios são harmónicas esféricas de grau , ou seja

$$\Delta_S h_\nu = \nu(\nu+1)h_\nu.$$

(2.2.3)

Consideremos agora uma equação diferencial homogénea em relação à variável $r > 0$

$$\left(\left(r\frac{\partial}{\partial r}\right)^2 + r\frac{\partial}{\partial r} + (k^2 r^2 - \nu(\nu+1))\right)g(r,k) = 0. \tag{2.2.4}$$

Esta é a equação de Bessel e o seu espaço solução é bidimensional. $k = 0,\ g(r,0) = ar^{\nu} + br^{-\nu-1}$ a b Por exemplo, se então com constantes arbitrárias e é uma solução geral de (2.2.4). $r^{\nu}h_{\nu}(\varphi)$ Neste caso, a função é um polinómio harmónico homogéneo. $r=0,$ No caso geral, o espaço de soluções de (2.2.4) contém um subespaço unidimensional de funções limitadas no ponto [40].

$\nu = 0,1,\ldots,$ $g_{\nu}(r,k)$ $r = 0$ P ara uma solução fixa não nula da equação (1.22), que é limitada em . Então

$$(\Delta + k^2)(g_{\nu}(r,k)h_{\nu}(\varphi)) = 0 \tag{2.2.5}$$

R^3 no conjunto . R^3 De facto, concluímos de (2.2.2.2), (2.2.3) e (2.2.4) que esta igualdade é válida em \ {0}. $g_{\nu}(r,k)h_{\nu}(\varphi)$ Agora, notando que é limitado, começamos por nos certificar de que (2.2.5) é verdadeira.

ν $J(\nu) = 2\nu + 1.$ Sabe-se que o número de harmónicos esféricos linearmente independentes em grau é igual a Tomemos uma base ortonormal

$$\left\{h_{\nu}^{(j)}\right\}_{\substack{\nu=0,1,\ldots\\ j=1,\ldots,J(\nu)}} \qquad \text{в } L^2(S).$$

Lema 2.3. $R > 0,$ *Para cada sistema*

$$\left\{b_{\nu}^{j}(r,\varphi,k)\right\} := g_i(r,k)h_{\nu}^{j}(\varphi)_{\substack{\nu=0,1,\ldots\\ j=1,\ldots,J(\nu)}} \tag{2.2.6}$$

$L^2(B(0,R)),$ *é uma base ortogonal no subespaço constituído pelas soluções das equações de Helmholtz* $(\Delta + k^2)u = 0.$

Prova. $\{h_\nu^{(j)}\}$ $L^2(S)$ $L^2(B(0,R))$, De facto, uma base ortonormal no espaço da esfera unitária (2.2.6) é ortogonal porque

$$\left(b_\nu^{(j)}, b_l^m\right)_{L^2(B(0,R))} = \left(h_\nu^j, h_l^m\right)_{L^2(S)} \int_0^R g_\nu(r,k)\overline{g_l(r,k)} \cdot r^2 dr = 0$$

onde $\left(h_\nu^j, h_l^m\right)_{L^2(S^1)} = \int_0^1 h_\nu^j(\varphi)\overline{h_l^m(\varphi)}d\varphi = \delta_{\nu l}^{jm} = 0$

$\nu \neq l$ $j \neq m$ $\{h_\nu^{(j)}\}$ $C^\infty(S)$ $L^2(B(0,R)) \cap S_{\Delta+k^2}(B(0,R))$, Finalmente, como o sistema de harmónicos é denso em vemos que o sistema (2.2.6) é denso em esta é a prova.

$\Delta + k^2$ R^3 Podemos considerar o núcleo padrão como a solução fundamental do operador em

$$\frac{-1}{4\pi}\frac{exp(ik|x-y|)}{|x-y|}.$$

$y \in R^3 \setminus \{0\}$ $\left(\Delta + k^2\right)u = 0$ $B(0,|y|)$. $B(0,|y|)$, $c_\nu^{(j)}(y,k)$ P ara um dado , este núcleo é uma solução da equação de Helmholtz na esfera Obviamente, é quadraticamente integrável em e denotamos pelos seus coeficientes de Fourier relativamente ao sistema ortogonal (2.2.6), isto é,

$$c_\nu^{(j)}(y,k) = \left(\frac{-1}{4\pi}\frac{exp(ik|x-y|)}{|x-y|}, b_\nu^{(j)}(x,k)\right)_{L^2(B(0,|y|))} / \int_0^{|y|} |g_\nu(r,k)|^2 r^2 dr$$

Lema 2.4. $\{(x,y) \in R^3 \times R^3 : |x|/|y| < 1\}$*No cone tem uma expansão em série de Fourier no lugar*

$$\frac{-1}{4\pi}\frac{exp(ik|x-y|)}{|x-y|} = \sum_{\nu=0}^{\infty}\sum_{j=1}^{J(\nu)} c_\nu^j(y,k) b_\nu^j(x,k), \qquad (2.2.7)$$

onde a série converge uniformemente com todas as derivadas em subconjuntos compactos do cone.

Prova. A expansão em séries de Fourier é uma consequência direta do Lema 2.3. A convergência uniforme em conjuntos compactos é uma questão mais delicada. $b_\nu^{(j)}$ Pode ser obtida da forma conhecida por ser uma solução da equação de Helmholtz.

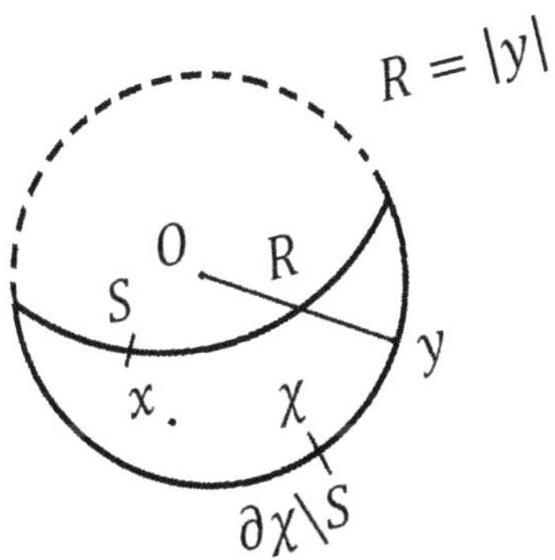

Figura 1.

§2.3 A fórmula de Carleman para uma parte de uma bola

$\Phi(x-y)$ M Substituindo (2.2.7) na fórmula da solução fundamental de para , obtemos

$$\Phi(x-y)=\sum_{\nu=0}^{\infty}\Phi_\nu(x,y)$$

(2.3.1)

$\{(x,y)\in R^3\times R^3 : |x|/|y|<1\}$ em que a série converge uniformemente, juntamente com todas as suas derivadas, em subconjuntos compactos do cone e

$$\Phi_\nu(x,y)=\begin{pmatrix}(1/ik)d^*d & -d\\ -d & -(1/ik)dd^*\end{pmatrix}\sum_{j=1}^{J(\nu)}c_\nu^{(j)}(y,k)b_\nu^{(j)}(x,k)$$

$\nu=0,1,\ldots$ para . $-\partial_y$ ∂_x Obtemos a mesma fórmula se substituirmos em conjunto as derivadas de .

Lema 2.5. $\Phi_\nu(x,y)$ $R^3\times(R^3\setminus\{0\})$ *Cada membro de é uma função matricial analítica real sobre , satisfazendo*

$$M(\partial_x)\Phi_\nu(x,y)=0,$$
$$M'(\partial_y)(\Phi_\nu(x,y))^T=0.$$

Prova. $\Phi_\nu(x,y)$ Estas propriedades são óbvias pela própria construção dos núcleos degenerados . $y=0$ A singularidade em é devida ao integral

$$\int_0^{|y|}|g_\nu(r,k)|^2 r^2dr \quad .$$

Φ_ν $M'(\partial_y)(\Phi_\nu(x,y))^T=0$ U ma expansão em série semelhante a (2.3.1) com termos que satisfazem a equação transposta já é suficiente para obter uma fórmula explícita para as soluções do problema de Cauchy (2.2.1).

Vamos lá

$$R_N(x,y)=\Phi(x-y)-\sum_{\nu=0}^{N}\Phi_\nu(x,y)$$

$(x,y)\in R^3\times(R^3\setminus\{0\})$ para . Assim, obtemos a chamada solução da função de Carleman para o problema de Cauchy, ver. [39, 10.4],[6], [12].

Teorema 2.3. (u,f) X S *Suponhamos que é uma solução das equações de Maxwell no interior de , contínua até ao fecho de . Então*

$$\begin{pmatrix} u(x) \\ f(x) \end{pmatrix} = \lim_{N\to\infty} \int_S R_N(x,y) \begin{pmatrix} in(f) \\ -\nu \wedge t(u) \end{pmatrix} ds$$

$x \in X \setminus \partial X$ *para todos* .

Prova. X X S (u,f) X Podemos assumir, por aproximação de regiões mais pequenas cujas fronteiras intersectam a fronteira de apenas em , que é suave em . Combinando o Corolário 2.1 (Capítulo 2) com a fórmula de Stokes e o Lema 2.5, concluímos facilmente que

$$\begin{pmatrix} u(x) \\ f(x) \end{pmatrix} = \int_{\partial X} R_N(x,y) \begin{pmatrix} in(f) \\ -\nu \wedge t(u) \end{pmatrix} ds$$

$x \in X \setminus \partial X$ $N = 0,1,...$para todos os fixos e todos os . $N \to \infty$ Seja . $\partial B(0,R)$ x $B(0,R)$ $\partial X \setminus S$ Como a série (2.3.1) converge em uniformemente sobre subconjuntos compactos de , segue-se que a parte do integral de fronteira sobre tende para zero. Isto estabelece a fórmula desejada.

(u,f) Seja a solução do problema de Cauchy (2.2.1). Um cálculo simples mostra que

$$\int_S R_N(x,y) \begin{pmatrix} in(f) \\ -\nu \wedge t(u) \end{pmatrix} ds = G(u_0, f_0)(x) - \begin{pmatrix} U_N(x) \\ F_N(x) \end{pmatrix}$$

(2.3.2)

$x \notin \overline{S}$ para , em que

$$\begin{pmatrix} U_N(x) \\ F_N(x) \end{pmatrix} = \sum_{\nu=0}^{N} \int_S \Phi_\nu(x,y) \begin{pmatrix} in(f) \\ -\nu \wedge t(u) \end{pmatrix} ds \quad .$$

$\varepsilon > 0$ S Seja a distância entre e a origem. $x \in B(0,\varepsilon)$ S Se , então o lado esquerdo de (2.3.2) tende para zero, pois a série (2.3.1) converge uniformemente para . $\{(U_N, F_N)\}$ $G(u_0, f_0)$ $B(0,\varepsilon)$ Segue-se que a série (ou seja, a sequência de somas parciais) converge uniformemente para , juntamente com as suas derivadas, em subconjuntos compactos da esfera .

A última observação e o Teorema 2.1 combinam-se para dar algumas condições de solvabilidade para o problema de Cauchy.

Corolário 2.2. $\{(U_N, F_N)\}$ $B(0,R)$ *Se a série converge uniformemente em subconjuntos compactos da esfera , então o problema de Cauchy (2.2.1) é resolúvel.*

Prova. $\{(U_N, F_N)\}$ $(U,F) = \lim(U_N, F_N)$ $B(0,R)$ Como os termos da série são soluções componentes da equação de Helmholtz, segue-se do teorema de Stiltjes-Vitali que a sua soma satisfaz em componentes a mesma equação em . (U,F) $F^i \oplus F^{i+1}$ $B(0,R)$ Logo, é a secção transversal analítica real de em . (U,F) $G(u_0, f_0)$ $B(0,\varepsilon)$ Como é efetivamente a mesma que na esfera mais pequena , a solvabilidade do problema de Cauchy decorre do Teorema 2.1. $\{(U_N, F_N)\}$ Em muitos casos interessantes, a convergência uniforme da série é não só suficiente mas também necessária para a solvabilidade de (5.1), [35, 2.9], [14].

Como referido no ponto 1.1, classicamente o sistema da equação de Maxwell (1.1.1) tem a forma

$$\begin{aligned} ikE + d^*H &= 0, \\ -ikH + dE &= 0, \end{aligned}$$

E H $X \subset R^3$ R^3 em que e são funções numa região fechada com valores em . E H d d^* rot R^3 Se for introduzida nos limites especificados pela 1-forma e pela 2-forma e tanto a derivada externa como a formalmente conjugada a ela podem ser identificadas com o operador em campos vectoriais em .

Aplicando o Corolário 3.3 de [45],[46] ao sistema das equações de Maxwell clássicas obtemos a fórmula de Stratton-Chu.

Teorema 2.4. (E,H) X E H *Seja uma onda electromagnética em , cuja componente eléctrica e componente magnética são contínuas até à fronteira. Então*

$$\begin{pmatrix}(1/ik)d^*d & -d^* \\ -d & -(1/ik)dd^*\end{pmatrix}\int_{\partial X}\frac{-1}{4\pi}\frac{exp(ik\,|\,x-y\,|}{|\,x-y\,|}\begin{pmatrix}in(H) \\ -\nu\wedge t(E)\end{pmatrix}ds=\begin{pmatrix}E(x) \\ H(x)\end{pmatrix}$$

$x\in X\setminus\partial X$ X *para todo , e o lado esquerdo desaparece mais longe de .*

X R^3 S ∂X Sejam a região em e a parte aberta em . E H X E_0 E H_0 H S Consideramos o problema de encontrar o campo elétrico e o campo magnético em com uma dada componente tangencial em e uma componente normal em em .

Assim, obtemos a chamada função de Carleman para soluções do problema de Cauchy. Nomeadamente

$$K_N(x,y)=\begin{pmatrix}(1/ik)d^*d & -d^* \\ -d & -(1/ik)dd^*\end{pmatrix}\left(\frac{-1}{4\pi}\frac{exp(ik|x-y|)}{|x-y|}-\sum_{\nu=0}^{N}\sum_{j=1}^{J(\nu)}c_\nu^j(y,k)b_\nu^j(x,k)\right)$$

,

x operador diferencial do lado direito que actua sobre a variável .

Teorema 2.5. (E,H) X $\bar{S}$ *Sejam as ondas electromagnéticas contínuas até . Então*

$$\begin{pmatrix}E(x) \\ H(x)\end{pmatrix}=\lim_{N\to\infty}\int_S K_N(x,y)\begin{pmatrix}in(H) \\ -\nu\wedge t(E)\end{pmatrix}ds$$

$x\in X\setminus\partial X$ *para todos .*

Em [39], são desenvolvidas várias abordagens ao problema de Cauchy para soluções de equações elípticas lineares com dados numa parte da fronteira. As abordagens dão não só fórmulas explícitas do tipo Carleman para as soluções, mas também condições para os dados de Cauchy que são necessárias e suficientes para resolver o problema de

Cauchy. Os resultados mostram, de forma surpreendente, que o problema de Cauchy para equações elípticas é sobredeterminado. É resolúvel para um bom conjunto de dados de Cauchy, pelo que qualquer erro nos dados de Cauchy conduz à insolubilidade. Por esta razão, a abordagem variacional do problema de Cauchy para equações elípticas é de interesse prático. Também funciona no caso de equações elípticas não lineares, ver. [29]. Em termos mais gerais, o problema consiste em introduzir classes razoáveis de soluções aproximadas. Neste sentido, qualquer fórmula de Carleman, tal como a fórmula do Teorema 2.5, dá soluções aproximadas para o problema de Cauchy com dados no segmento de fronteira para a equação de Maxwell.

§2.4 A fórmula de Carleman no domínio do tipo cap

Lema fundamental

No entanto, nenhuma prova perfeita foi apresentada até o artigo [24], onde a fórmula obtida em [17] foi generalizada para o caso da equação de Laplace. Tal prova foi obtida pela primeira vez em [18], onde Yarmukhamedov completou a sua construção anotada em [17]. O artigo [42] contém um caso especial da construção da função de Carleman para o problema de Cauchy para a equação de Helmholtz numa região tridimensional do tipo "cap".

σ Seja um número positivo. $K(w) = \exp(\sigma w^2)$ $w \in C$ Considere uma função inteira de uma variável complexa . K $w = u_0 + i\vartheta$ A contração da função na linha vertical tem a forma

$$K(u+i\vartheta)=K(u)\exp(2i\sigma uv-\sigma\vartheta^2)$$

ϑ ou seja, é uma função decrescente de .

R^3 $x=(x',x_3)$ $y=(y',y_3)$ $r'=|y'-x'|$ Sejam dois pontos distintos e no espaço ; assumamos e introduzamos o integral

$$\Phi(x,y)=\frac{-1}{2\pi^2}\frac{1}{K(x_3)}\int_0^\infty \operatorname{Im}\left(\frac{K(w)}{w-x_3}\right)\frac{\cos k\vartheta}{\sqrt{r'^2+\vartheta^2}}dv, \qquad (2.4.1)$$

$w=y_3+i\sqrt{r'^2+\vartheta^2}$ k em que , e é o parâmetro complexo. Destacando a parte imaginária,

obtemos

$$\Phi_\sigma(x,y)=\int_0^\infty p_\sigma(x,y;\vartheta)\cos k\vartheta d\vartheta$$

$p_\sigma(x,y,\vartheta)$ em que é dada pela relação

$$\frac{-1}{2\pi^2}\frac{e^{\sigma(y_3^2-x_3^2)}e^{-\sigma(r'^2+\vartheta^2)}}{\vartheta^2+r^2}\left((y_3-x_3)\frac{\sin 2\sigma y_3\sqrt{r'^2+\vartheta^2}}{\sqrt{r'^2+\vartheta^2}}-\cos 2\sigma y_3\sqrt{r'^2+\vartheta^2}\right).$$

$e^{-\sigma\vartheta^2}$ Assim, a convergência do integral não convexo do lado direito da relação (2.4.1) é assegurada pelo multiplicador .

$\Phi(x,y)$ **L** **ema 2.6**: *Da igualdade (2.24) resulta que a função tem a forma*

$$\Phi(x,y)=\frac{-1}{4\pi}\frac{e^{-kr}}{r}+R(x,y),$$

(2.4.2)

$R(x,y)$ $y\in R^3$ $y=x$ *em que é uma função duas vezes continuamente diferenciável em relação à variável , incluindo o ponto .*

Prova. $(0,1]$ $[1,\infty)$ Dividamos o intervalo de integração em (2.4.1) em duas partes, nomeadamente, e . $I_1(x,y)$ $I_2(x,y)$ Escreveremos e para o primeiro e segundo integrais, respetivamente. $\sqrt{r'^2+\vartheta^2} \geq 1$ $I_2(x,y)$ C^∞ $y \in R^n$ $y=x$ Uma vez que, para o segundo integral, será -função da variável , incluindo o ponto .

O primeiro integral é transformado em

$$I_1(x,y) = \frac{-1}{2\pi^2}\frac{1}{K(x_3)}\int_0^1 \mathrm{Im}\left(\frac{K(w)-K(x_3)}{w-x_3}\right)\frac{\cos kv}{\sqrt{r'^2+v^2}}dv$$
$$+\frac{-1}{2\pi^2}\int_0^1 \mathrm{Im}(\frac{1}{w-x_3})\frac{\cos kv}{\sqrt{r'^2+v^2}}dv, \tag{2.4.3}$$

onde

$$\mathrm{Im}(\frac{1}{w-x_3}) = -\frac{\sqrt{r'^2+\vartheta^2}}{\vartheta^2+r^2}.$$

Uma vez que a função inteira

$$Q(w) = \frac{K(w)-K(x_3)}{w-x_3}$$

wé válido em real , a partir da decomposição de

$$\frac{\mathrm{Im}\,Q(y_3+i\sqrt{r'^2+\vartheta^2})}{\sqrt{r'^2+\vartheta^2}} = \sum_{j=0}^{\infty}(-1)^j\frac{Q^{(j)}(y_3)}{(2j+1)!}(r'^2+\vartheta^2)^j$$

C^∞ x y segue-se que o primeiro somatório do lado direito da relação (2.4.3) é -função das variáveis e . O segundo somatório reduz-se à forma

$$\int_0^1 \frac{\cos k\vartheta}{\vartheta^2+r^2}dv = \sum_{j=0}^{\infty}(-1)^j\frac{k^{2j}(y_3)}{(2j)!}\int_0^1\frac{\vartheta^{2j}}{\vartheta^2+r^2}dv$$
$$=\int_0^1\frac{1}{\vartheta^2+r^2}dv - \frac{k^2}{2}\int_0^1\frac{\vartheta^2}{\vartheta^2+r^2}dv + \sum_{j=2}^{\infty}(-1)^j\frac{k^{2j}(y_3)}{(2j)!}\int_0^1\frac{\vartheta^{2j}}{\vartheta^2+r^2}d\vartheta$$

$1/2\pi^2$ p ara o multiplicador . O primeiro integral do lado direito tem a forma

$$\frac{-\pi}{2}\frac{1}{r} - \int_0^\infty \frac{1}{\vartheta^2+r^2}d\vartheta,$$

e o segundo integral é

$$-\frac{k^2}{2}\left(1-\int_0^1 \frac{r^2}{\vartheta^2+r^2}d\vartheta\right)=-\frac{k^2}{2}+\frac{k^2r^2}{2}\left(-\frac{\pi}{2}\frac{1}{r}-\int_0^\infty \frac{1}{\vartheta^2+r^2}d\vartheta\right).$$

Assim, o segundo somatório da parte direita da relação (2.4.3) é igual a

$$-\frac{\pi}{2}\frac{1}{r}\left(1+\frac{k^2r^2}{2}\right)-\frac{k^2}{2}-\left(1+\frac{k^2r^2}{2}\right)\int_0^\infty \frac{1}{\vartheta^2+r^2}d\vartheta+\sum_{j=2}^{\infty}(-1)^j\frac{k^{2j}}{(2j)!}\int_0^1 \frac{\vartheta^{2j}}{\vartheta^2+r^2}d\vartheta$$

$1/2\pi^2$ para o multiplicador . Uma vez que

$$1+\frac{k^2r^2}{2}=e^{-kr}+kr-\sum_{j=3}^{\infty}(-1)^j\frac{(kr)^j}{j!}$$

é fácil ver que

$$I_1(x,y)=\frac{-1}{4\pi}\frac{e^{-kr}}{r}+R_1(x,y),$$

$R_1(x,y)$ y $y=x$ onde é uma função duas vezes continuamente diferenciável em relação à variável , incluindo o ponto . $R=I_1+R_1$ Assumindo , obtemos a fórmula (2.4.2).

Lema 2.7. $\Phi(x,y)$ $\Delta\Phi-k^2\Phi=0$ $y\in R^3\setminus\{x\}$ *Segue-se de (2.4.1) que a função satisfaz a equação de Helmholtz em relação a .*

Prova. Denotemos

$$Q(w)=\frac{-1}{2\pi^2}\frac{1}{K(x_3)}\frac{K(w)}{w-x_3},$$

$w=y_3+i\sqrt{r'^2+\vartheta^2}$. em que Então

$$\Delta_y\Phi(x,y)=\int_0^\infty \Delta_y\left(\frac{\operatorname{Im}Q(w)}{\sqrt{r'^2+\vartheta^2}}\right)\cos k\vartheta\, d\vartheta=$$

$$=\frac{1}{2i}\int_0^\infty \Delta_y\left(\frac{Q(w)-Q(\overline{w})}{\sqrt{r'^2+v^2}}\right)\cos k\vartheta\, d\vartheta.$$

Δ_y $f(Y,y_n)$ A função sobre a qual o operador de Laplace actua , tem a forma , onde

$Y=|y'-x'|^2$. Uma verificação elementar mostra que

$$\Delta_y f(Y,y_n)=4Yf''_{YY}+2(n-1)f'_Y+f''_{y_ny_n}. \tag{2.4.4}$$

Δ_{Y,y_n} Denotemos o operador de diferenciação parcial no lado direito desta relação por . Assim, o lema será provado se mostrarmos que

$$\int_0^\infty \Delta_{Y,y_3}\left(\frac{Q(w)}{\sqrt{Y+\vartheta^2}}\right)\cos k\vartheta\, d\vartheta = k^2\int_0^\infty \frac{Q(w)}{\sqrt{Y+\vartheta^2}}\cos k\vartheta\, d\vartheta,$$
$$\int_0^\infty \Delta_{Y,y_3}\left(\frac{Q(\overline{w})}{\sqrt{Y+\vartheta^2}}\right)\cos k\vartheta\, d\vartheta = k^2\int_0^\infty \frac{Q(\overline{w})}{\sqrt{Y+\vartheta^2}}\cos k\vartheta\, d\vartheta, \tag{2.4.5}$$

$y\neq x$ em .

Vamos provar principalmente a primeira igualdade em (2.4.5). I Para o efeito, denotemos o lado esquerdo desta igualdade por . Aplicando (2.4.4), obtemos

$$I:=\int_0^\infty \Delta_{Y,y_3}\left(\frac{Q(w)}{\sqrt{Y+\vartheta^2}}\right)\cos k\vartheta\, d\vartheta$$
$$=\int_0^\infty\left(4Y(\frac{Q(w)}{\sqrt{Y+\vartheta^2}})''_{YY}+4(\frac{Q(w)}{\sqrt{Y+\vartheta^2}})'_Y+(\frac{Q(w)}{\sqrt{Y+\vartheta^2}})''_{y_3y_3}\right)\cos k\vartheta d\vartheta$$

e os cálculos mais simples mostram que

$$4(\frac{Q(w)}{\sqrt{Y+\vartheta^2}})'_Y=2(\frac{iQ'(w)}{Y+\vartheta^2}-\frac{Q(w)}{(Y+\vartheta^2)^{3/2}}),$$

$$4Y(\frac{Q(w)}{\sqrt{Y+\vartheta^2}})''_{YY}=Y(\frac{-Q''(w)}{(Y+\vartheta^2)^{3/2}}-\frac{3iQ'(w)}{(Y+\vartheta^2)^2}+\frac{3Q}{(Y+\vartheta^2)^{5/2}}),$$

$$(\frac{Q(w)}{\sqrt{Y+\vartheta^2}})''_{y_3y_3}=\frac{Q''(w)}{\sqrt{Y+\vartheta^2}}.$$

Q Recolhendo multiplicadores nas mesmas derivadas da função , obtemos

$$I=I_1+I_2+I_3,$$

onde

$$I_1 := \int_0^\infty \frac{\vartheta^2}{(Y+\vartheta^2)^{3/2}} Q''(w)\cos k\vartheta d\vartheta,$$

$$I_2 := \int_0^\infty \frac{2\vartheta^2 - Y}{(Y+\vartheta^2)^2} iQ'(w)\cos k\vartheta d\vartheta,$$

$$I_3 := \int_0^\infty \frac{Y - 2\vartheta^2}{(Y+\vartheta^2)^{5/2}} Q(w)\cos k\vartheta d\vartheta.$$

Desde

$$d_v Q'(w) = Q''(w)\frac{i\vartheta}{\sqrt{Y+\vartheta^2}} d\vartheta,$$

então, integrando o primeiro integral por partes, obtemos

$$I_1 = \int_0^\infty \left(\frac{Y-\vartheta^2}{(Y+\vartheta^2)^2}\cos k\vartheta - \frac{k\vartheta}{Y+\vartheta^2}\sin k\vartheta \right) iQ'(w)d\vartheta$$

donde se conclui que

$$I_1 + I_2 = \int_0^\infty \frac{\vartheta^2}{(Y+\vartheta^2)^2} iQ'(w)\cos k\vartheta d\vartheta - \int_0^\infty \frac{k\vartheta}{Y+\vartheta^2} iQ'(w)\sin k\vartheta d\vartheta.$$

Aqui, em ambos os integrais do lado direito, voltamos a integrar por partes, aplicando a igualdade

$$d_v Q(w) = Q'(w)\frac{i\vartheta}{\sqrt{Y+\vartheta^2}} d\vartheta.$$

De seguida, o primeiro integral é transformado para a forma

$$-\int_0^\infty \left(\left(\frac{1}{(Y+\vartheta^2)^{3/2}} - \frac{3v^2}{(Y+\vartheta^2)^{5/2}} \right)\cos k\vartheta - \frac{k\vartheta}{(Y+\vartheta^2)^{3/2}} \right) Q(w)d\vartheta,$$

e o segundo integral é transformado para a forma

$$\int_0^\infty \left(-\frac{k\vartheta}{(Y+\vartheta^2)^{3/2}}\sin k\vartheta + \frac{k^2}{\sqrt{Y+\vartheta^2}}\cos k\vartheta \right) Q(w)d\vartheta.$$

Assim,

$$I_1 + I_2 = -\int_0^\infty \frac{Y-2\vartheta^2}{(Y+\vartheta^2)^{5/2}} Q(w)\cos k\vartheta d\vartheta + k^2 \int_0^\infty \frac{Q(w)}{\sqrt{Y+\vartheta^2}}\cos k\vartheta d\vartheta.$$

I_3 Do facto de o primeiro integral do lado direito ser igual a , segue-se que

$$I = k^2 \int_0^\infty \frac{Q(w)}{\sqrt{Y + \vartheta^2}} \cos k\vartheta d\vartheta,$$

que é exatamente o que eu precisava de provar.

$Q(w)$ i i F inalmente, a função é obtida a partir de substituindo por - . Daí,

os cálculos não se alteram e a segunda igualdade em (2.4.5) também se prova.

$k = 0$ $K(w) = \exp(\sigma w)$ $\sigma > 0$ Em , os resultados desta secção continuam a ser verdadeiros para a função em , cf. [18]. [18], [24], [25],[42].

Fórmula de Carleman

X $x_3 > 0$ R^3 S $\{x_3 > 0\}$ $\{x_3 = 0\}$ Suponhamos que é uma região limitada no semi-espaço superior do espaço , cuja fronteira é constituída por uma superfície lisa , situada no semi-espaço , e por partes fechadas do plano . Estas regiões são normalmente designadas por regiões do tipo "tampa". $\partial X \setminus S$ $(0,0-1)$ Note-se que o vetor unitário da normal externa ao segmento é igual a . E H X E_0 E H_0 H S Considere o problema de encontrar o campo elétrico e o campo magnético em com uma dada componente tangencial em e uma componente normal em em .

Seguindo (2.4.1), introduzamos

$$\Phi_\sigma(x, y) = \frac{-1}{2\pi^2} \frac{1}{K(x_3)} \int_0^\infty \operatorname{Im}\left(\frac{K(w)}{w - x_3}\right) \frac{\cos k\vartheta}{\sqrt{r'^2 + \vartheta^2}} d\vartheta,$$

$w = y_3 + i\sqrt{r'^2 + \vartheta^2}$ τ em que , é um parâmetro complexo. Cálculos simples mostram que

$$\Phi_\sigma(x, y) = \int_0^\infty p_\sigma(x, y; \vartheta) \cos k\vartheta d\vartheta,$$

$p_\sigma(x, y; \vartheta)$ onde está

$$\frac{-1}{2\pi^2} \frac{e^{\sigma(y_3^2 - x_3^2)} e^{-\sigma(r'^2 + \vartheta^2)}}{\vartheta^2 + r^2} \left((y_3 - x_3) \frac{\sin 2\sigma y_3 \sqrt{r'^2 + \vartheta^2}}{\sqrt{r'^2 + \vartheta^2}} - \cos 2\sigma y_3 \sqrt{r'^2 + \vartheta^2} \right).$$

Assim, obtém-se

$$p_\sigma = \frac{1}{2\pi^2} \frac{e^{-\sigma x_3^2} e^{-\sigma(r'^2 + \vartheta^2)}}{\vartheta^2 + r^2},$$

$$\partial y_3 p_\sigma = \frac{1}{\pi^2} \frac{e^{-\sigma x_3^2} e^{-\sigma(r'^2 + \vartheta^2)}}{(\vartheta^2 + r^2)^2} x_3 \left(1 + \sigma(\vartheta^2 + r^2)\right)$$

$y_3 = 0$ no plano . $\Phi_\sigma(x, y)$ Substituindo na fórmula da fundamental $\Phi(x - y)$ M $\Psi_\sigma(x, y)$ X S σ para o operador de Maxwell, concluímos que é a função de Carleman do problema de Cauchy no domínio com dados em , parametrizado com o parâmetro .

$$\Psi_\sigma(x, y) = \begin{pmatrix} (1/ik) d^* d & -d^* \\ -d & -(1/ik) dd^* \end{pmatrix} \Phi_\sigma(x, y)$$

Lema 2.8. $\Psi_\sigma(x, y)$ $R^3 \times (R^3 \setminus \{y = x\})$, *Uma função matricial sobre conjuntos que satisfaça*

$$M(\partial_x) \Psi_\sigma(x, y) = 0,$$

$$M'(\partial_y)(\Psi_\sigma(x, y))^T = 0.$$

Prova. $\Phi(x - y)$ A prova decorre das propriedades da solução fundamental do operador de Maxwell.

Teorema 2.6. (E, H) X S *Seja uma onda electromagnética em , contínua até . Então a igualdade limite*

$$\begin{pmatrix} E(x) \\ H(x) \end{pmatrix} = \lim_{\sigma \to \infty} \int_S \Psi_\sigma(x, y) \begin{pmatrix} in(H) \\ -\nu \wedge t(E) \end{pmatrix} ds$$

x é efectuada uniformemente em todos os subconjuntos compactos de

.

Prova. x X $t(E)$ $n(H)$ X Como sabemos, o valor da solução regular das equações de Maxwell no ponto interior é expresso através dos valores e na fronteira . Usando a fórmula de Stratton-Chu do Teorema 2.5

$$\begin{pmatrix} E(x) \\ H(x) \end{pmatrix} = \int_S \Psi_\sigma(x, y) \begin{pmatrix} in(H) \\ -\nu \wedge t(E) \end{pmatrix} ds + \int_{\partial X \setminus S} \Psi_\sigma(x, y) \begin{pmatrix} in(H) \\ -\nu \wedge t(E) \end{pmatrix} ds$$

$\Phi_\sigma(x, y)$ $e^{-\sigma\vartheta^2}$ Assim, a convergência do integral do lado direito da relação é assegurada pelo multiplicador . $\sigma \to \infty$ $\Psi_\sigma(x,y)$ $p_\sigma(x,y;\vartheta)$ $\partial_{y_3} p_\sigma(x,y;\vartheta)$ $\{x_3 > 0\}$ Se a expressão , e a sua derivada parcial tendem para zero exponencialmente no plano . $\partial X \setminus S$ $\{x_3 = 0\}$ Segue-se que a parte do integral de fronteira sobre tende a zero em . Isto estabelece a fórmula pretendida.

CAPÍTULO III. n O PROBLEMA DE CAUCHY PARA UM SISTEMA DE EQUAÇÕES ELÍPTICAS DO TIPO MAXWELL NUM ESPAÇO " " DIMENSIONAL

§3.1 As equações abstractas de Maxwell

No que diz respeito à apresentação do tratamento matemático da teoria da dispersão electromagnética, remetemos o leitor para [21, 24], etc.

C^{∞} X O sistema de equações (2.12) pode ser generalizado a complexos arbitrários de operadores diferenciais em definidos em variedades finitas e infinitas. X X Mais precisamente, consideremos o complexo de operadores diferenciais de primeira ordem sobre , actuando sobre secções de estratificações vectoriais sobre , ou seja

$$0 \longrightarrow C^{\infty}(X,F^{0}) \xrightarrow{A^{0}} C^{\infty}(X,F^{1}) \xrightarrow{A^{1}} \ldots \xrightarrow{A^{N-1}} C^{\infty}(X,F^{N}) \longrightarrow 0 \quad , \tag{3.1.1}$$

$A^{i} \in Diff^{1}(F^{i},F^{i+1}) - C^{\infty}(X,\mathrm{F}^{i})$ $C^{\infty}(X,\mathrm{F}^{i+1})$ $A^{i+1}A^{i}=0$ em que é o espaço vetorial de todos os operadores diferenciais de ordem 1 que mapeiam para com condição para todo i . $A^{i}u$ Au $u \in C^{\infty}(X,\mathrm{F}^{i})$ Como é habitual, escrevemos em vez de simplesmente para , quando não pode haver confusão. F^{i} k_{i} $\mathrm{i}=0,1,\ldots,N.$ F^{i} $x \mapsto (v,w)_{x}$ F_{x}^{i} $x \in X$ Aqui está uma estratificação vetorial suave de ordem diferente de zero em Definimos uma métrica de Hermite, isto é, os produtos escalares nas camadas da estratificação , que dependem suavemente do ponto . F^{i} F^{i*}

$\langle w,v \rangle_{X}=(v,w)_{X}$ $v \in F_{X}^{i}$ Isto define um isomorfismo linear conjugado ★ de

para uma estratificação algebricamente dual com ★ para , w .

dx X F ixar uma forma de volume positiva suave de para . $C_{comp}^{\infty}(X,\mathrm{F}^{i})$ Isto dá o produto escalar de

$$(u,v)=\int_{X}(u(x),v(x))_{X}dx$$

$u,v \in C_{comp}^{\infty}(X,\mathrm{F}^{i})$ $L^{2}(X,F^{i})$ Denotemos por a reposição do espaço pela norma correspondente. $A^{i*} \in Diff^{1}(F^{i+1},F^{i})$ A^{i} $(Au,g)=(u,A^{*}g)$ $u \in C^{\infty}(\Omega,F^{i})$

$g \in C^{\infty}(\Omega, F^{i+1})$ X Além disso, introduzimos um operador formalmente conjugado para cada operador , exigindo para todos e cujas portadoras não se intersectam na fronteira .

$\Delta^{i} = A^{i*}A^{i} + A^{i-1}A^{i-1*}$ X O s operadores formalmente auto-adjuntos em são chamados os Laplaceanos do complexo (3.1.1). $\Delta^{i} \in Diff^{2}(F^{i})$ A elipticidade deste complexo decorre do facto de cada operador de Laplace ser um operador elíptico de segunda ordem (ver[37])

$-1 \leq i \leq N$ P ara qualquer , o sistema das equações de Maxwell em complexos (2.4.3) no passo i escreve-se

$$-\varepsilon(d/dt)u + A^{*}f = \sigma u,$$
$$\mu(d/dt)f + Au = 0,$$

u f t F^{i} F^{i+1} o nde e são funções desconhecidas de com valores nas estratificações e , respetivamente. Na procura de soluções harmónicas destas equações na forma de

$$u(t,x) = (\varepsilon + i\sigma/\omega)^{-1/2} e^{-i\omega t} u(x),$$
$$f(t,x) = \mu^{-1/2} e^{-i\omega t} f(x),$$

u f X ajustam as equações estacionárias para e , que dependem apenas de pontos da variedade de base .

Estes

$$iku + A^{*}f = 0,$$
$$-ikf + Au = 0,$$

k onde é a constante de onda definida acima.

Definição 3.1. $-1 \leq i \leq n$ *Seja* . Definimos *o operador de Maxwell para o complexo (3.1.1) no passo* i *como segue:*

$$M^{i} = \begin{pmatrix} ik & A^{i*} \\ A^{i} & -ik \end{pmatrix} .$$

M^{i} Como é habitual em álgebra homológica, omitimos o índice i neste caso, como se vê pelo contexto.

M^{i} $F^{\mathrm{i}} \oplus F^{\mathrm{i+1}}$ X P or definição, é um operador diferencial de primeira ordem de secções de uma estratificação em secções da mesma estratificação sobre . $N=2$Este operador não pode ser um operador elíptico de 1ª ordem no sentido clássico em . $A^{*}\, iku + A^{*} f = 0,\ A^{\mathrm{i\text{-}1}*}u = 0$ $k = 0$ $-ikf + Au = 0$ $A^{\mathrm{i+1}} f = 0,\ k = 0$Por outro lado, aplicando a ambas as partes da igualdade, concluímos que, excluindo . Da mesma forma, segue-se que, excluindo . $A^{\mathrm{i\text{-}1}*}u = 0$ $A^{\mathrm{i+1}} f = 0$ u fComplementando as equações de Maxwell com as suas consequências diferenciais e , chegamos a um sistema de equações diferenciais de primeira ordem para e cujos símbolos clássicos são injectivos. C^{i} $F^{\mathrm{i}} \oplus F^{\mathrm{i+1}}$ $C^{\mathrm{i}}M^{\mathrm{i}}$ X Há outra maneira de indicar que existe um operador diferencial de secções de uma estratificação em secções da mesma estratificação, tal que é um operador diferencial de segunda ordem sobre uma elíptica no sentido clássico. Um cálculo simples mostra que

$$C^{\mathrm{i}} = \begin{pmatrix} ik + (1/ik)A^{\mathrm{i\text{-}1}}A^{\mathrm{i\text{-}1}*} & A^{\mathrm{i}*} \\ A^{\mathrm{i}} & -ik - (1/ik)A^{\mathrm{i+1}*}A^{\mathrm{i+1}} \end{pmatrix} \tag{3.1.2}$$

Lema 3.1. C^{i} *Tal como definido acima,* satisfaz

$$C^{\mathrm{i}}M^{\mathrm{i}} = M^{\mathrm{i}}C^{\mathrm{i}} = \begin{pmatrix} \Delta^{\mathrm{i}} - k^2 & 0 \\ 0 & \Delta^{\mathrm{i+1}} - k^2 \end{pmatrix}.$$

Prova.

$$\begin{pmatrix} ik + (1/ik)A^{\mathrm{i\text{-}1}}A^{\mathrm{i\text{-}1}*} & A^{\mathrm{i}*} \\ A^{\mathrm{i}} & -ik - (1/ik)A^{\mathrm{i+1}}A^{\mathrm{i+1}*} \end{pmatrix} \begin{pmatrix} ik & A^{\mathrm{i}*} \\ A^{\mathrm{i}} & -ik \end{pmatrix} =$$

$$=\begin{pmatrix} -k^2 + A^{i-1}A^{i-1*} + A^{i*}A^{i} & (ik + (1/ik)A^{i-1}A^{i-1*})A^{i*} - ikA^{i*} \\ ikA^{i} + (-ik - (1/ik)A^{i+1*}A^{i+1})A^{i} & A^{i}A^{i*} + A^{i+1*}A^{i+1} - k^2 \end{pmatrix} =$$

$$\begin{pmatrix} \Delta^{i} - k^2 & ikA^{i*} + (1/ik)A^{i-1}A^{i-1*}A^{i*} - ikA^{i*} \\ ikA^{i} - ikA^{i} - (1/ik)A^{i+1*}A^{i+1}A^{i} & \Delta^{i+1} - k^2 \end{pmatrix}$$

$$= \begin{pmatrix} \Delta^{i} - k^2 & 0 \\ 0 & \Delta^{i+1} - k^2 \end{pmatrix}.$$

§3.2 A fórmula de Stratton-Chu

Para as equações de Maxwell clássicas, a chamada fórmula de Stratton-Chu [36] está na base dos métodos analíticos utilizados [21]. Do ponto de vista da análise moderna, esta fórmula é um caso muito especial da fórmula de Green, ver [37, 2.5.4].

X C^∞ X' X' Seja uma variedade compacta com aresta que está suavemente embebida numa variedade maior , e (3.1.1) é definida sobre o conjunto . $X' = R^n$, X Se , então a imagem de pode ser qualquer região limitada na R^n

$\Delta^{i} - k^2$ $\Delta^{i+1} - k^2$ X' Suponhamos que e são operadores elípticos de segunda ordem e satisfazem a condição de unicidade no pequeno problema de Cauchy em . X' G^{i} G^{i+1} Então [29] estes operadores têm soluções fundamentais à esquerda em , que denotamos por e , respetivamente. [37, p 105],[32] e [9]. F^{i} F^{i+1} X' Estes últimos são operadores pseudodiferenciais clássicos de ordem - 2 que actuam em secções de estratificações vectoriais e sobre .

Lema 3.2. *Operador pseudodiferencial*

$$\Phi^{i} = \begin{pmatrix} G^{i}(ik + (1/ik)A^{i-1}A^{i-1*}) & G^{i}A^{i*} \\ G^{i+1}A^{i} & G^{i+1}(-ik - (1/ik)A^{i+1*}A^{i+1}) \end{pmatrix}$$

M^{i} X' *existe uma solução fundamental esquerda do operador de Maxwell para .*

Prova. Decorre imediatamente do lema 1.1 que

$$\Phi^{i} = \begin{pmatrix} G^{i} & 0 \\ 0 & G^{i+1} \end{pmatrix} \circ C^{i}$$

M^{i}é a solução fundamental esquerda de . C^{i} Resta substituir a expressão explícita (3.1.2) por .

Φ^{i} $F^{i} \oplus F^{i+1}$ X' N ote-se que é um operador pseudodiferencial de ordem 0 (e não - 1) em secções da estratificação vetorial sobre . $s_{i} = t_{i} = 0$ $k \neq 0$ Isto corresponde a dizer que o operador de Maxwell é elíptico no sentido de Douglas Nirenberg com , se . Φ^{i} $F^{i} \oplus F^{i+1}$ $X' \times X'$ Como habitualmente, usamos a mesma letra para denotar o operador de uma estratificação vetorial sobre as secções de distribuição da mesma estratificação e o seu kernel de Schwarz sobre que é denotado por $\Phi^{i}(x, y)$.

Teorema 3.1. $u \in H^{1}(X, F^{i})$ $f \in H^{1}(X, F^{i+1})$ $M^{i}(u, f) = 0$ X *Para cada e satisfazendo o interior, segue-se que*

$$\int_{\partial X} \Phi^{i}(x, y) \begin{pmatrix} \sigma(A^{i})^{*}(y, i\nu(y)) f(y) \\ \sigma(A^{i})(y, i\nu(y)) u(y) \end{pmatrix} ds(y) = \begin{cases} \begin{pmatrix} u(x) \\ f(x) \end{pmatrix}, & \text{если} \quad x \in X \setminus \partial X, \\ 0, & \text{если} \quad x \in X' \setminus X. \end{cases}$$

$\nu(y)$ $y \in \partial X$ ds X $\sigma(A^i)$ A^i Aqui, é o vetor unitário exterior normal à fronteira no ponto , a medida da superfície em , e o símbolo (clássico) para .

Prova. Esta fórmula é um caso especial da fórmula geral de Green (ver [37, 2.5.4]) para

$$\sigma(M^i) = \begin{pmatrix} 0 & \sigma(A^i)^* \\ \sigma(A^i) & 0 \end{pmatrix}$$

$t(u)$ $n(f)$ u f X Escrevemos e para a parte tangencial e a parte normal à fronteira em relação ao complexo (3.1.1), respetivamente (ver [40]). Obtemos então

$$\begin{pmatrix} \sigma(A^i)^*(y, i\upsilon) f \\ \sigma(A^i)(y, i\upsilon) u \end{pmatrix} = \begin{pmatrix} i\sigma(\Delta^i)^*(y, \upsilon) n(f) \\ i\sigma(A^i)(y, \upsilon) t(u) \end{pmatrix}$$

(3.2.1)

∂X em . (u, f) X $t(u)$ $n(f)$ ∂X O mesmo raciocínio mostra que o Teorema 3.1 continua a ser válido para todas as soluções das equações de Maxwell no interior de , tais que e têm limites fracos na fronteira , (ver [39; 9.4]).

Para as equações de Maxwell clássicas, a fórmula do Teorema 1.2 é conhecida como fórmula de Stratton-Chu, (ver [36]). Φ^i Neste caso tem uma estrutura melhor, a solução fundamental pode ser escrita explicitamente. R^n Δ^i Isto pode de facto ser feito no contexto do chamado complexo de Dirac em , que se caracteriza pela propriedade de todos os Laplaceanos de serem operadores diagonais, com o habitual operador de Laplace escalar (não-negativo) na diagonal. $\Delta^i = -E_{k_i} \Delta$ i N E_{k_i} $k_i \times k_i$ $\Delta = \partial_1^2 + ... + \partial_n^2$. $e(x)$ $\Delta + k^2$ R^n ∞ Por outras palavras, é satisfeita para todo o intervalo de 0 a , em que é uma matriz unitária de ordem e Seja uma solução fundamental padrão do tipo convolução do operador de Helmholtz em , que vai para zero em . $n=3$, Se então

$$e(x) = -\frac{1}{4\pi}\frac{\exp(ik\,|\,x\,|)}{|\,x\,|}$$

fora da origem.

Corolário 3.1. X R^n *Seja (3.1.1) um complexo constituído por operadores diferenciais com coeficientes constantes do tipo de Dirac e uma região fechada limitada com fronteira suave em* . $u \in H^1(X, F^{\mathrm{i}})$ $f \in H^1(X, F^{\mathrm{i}+1})$ $M^{\mathrm{i}}(u, f) = 0$ X *Se e satisfaz em , então*

$$\begin{pmatrix} (1/ik)A^{\mathrm{i}*}A^{\mathrm{i}} & -A^{\mathrm{i}*} \\ -A^{\mathrm{i}} & (1/ik)A^{\mathrm{i}}A^{\mathrm{i}*} \end{pmatrix} \int_{\partial\Omega} e(x-y) \begin{pmatrix} in(f) \\ i\tau(A^{\mathrm{i}})(\upsilon)t(u) \end{pmatrix} dS = \begin{pmatrix} u(x) \\ f(x) \end{pmatrix} \qquad (3.2.2)$$

$x \in X \setminus \partial X$ X *para todos e o lado esquerdo desaparece no exterior* .

A fórmula (3.2.2) estende os operadores de alisamento modulo às equações gerais de Maxwell.

Prova. $G^{\mathrm{i}}u = -e * u$ F^{i} R^n $e * u$ e u Para um complexo do tipo Dirac, podemos escolher a distribuição de partição e funções com portadora compacta em , onde denotamos pelas convoluções e . G^{i} $E_{k_{\mathrm{i}}}e(x-y)$ O núcleo de Schwarz é obviamente . Φ^{i} Assim, o núcleo de Schwarz é

$$-C^{\mathrm{i}\prime}(y, \partial_y)(E_{k_{\mathrm{i}}+k_{\mathrm{i}+1}} e(x-y)) = -C^{\mathrm{i}}(y, \partial_x) e(x-y),$$

y C^{i} A variável in pode ser negligenciada se os coeficientes forem constantes. A partir de (3.2.2) é fácil deduzir que

$$C^{\mathrm{i}} = \begin{pmatrix} (1/ik)(\Delta^{\mathrm{i}} - k^2 - A^{\mathrm{i}*}A^{\mathrm{i}}) & A^{\mathrm{i}*} \\ A^{\mathrm{i}} & -(1/ik)(\Delta^{\mathrm{i}+1} - k^2 - A^{\mathrm{i}}A^{\mathrm{i}*}) \end{pmatrix},$$

e também

$$\Phi^{i}(x,y) = -\begin{pmatrix} -(1/ik)A^{i*}A^{i}e(x-y) & A^{i*}e(x-y) \\ A^{i}e(x-y) & (1/ik)A^{i}A^{i*}e(x-y) \end{pmatrix}.$$

$R^{n} \setminus \{y\}$ $(\Delta + k^{2})e = 0$ E m , para longe da origem. $\sigma(\Delta^{i})(\upsilon) = |\upsilon|^{2}$ $E_{k_i} = E_{k_i}$

Para completar a prova, basta utilizar o Teorema 1 e ter em conta que no nosso caso particular.

Como não é difícil de verificar,

$$M^{i}\begin{pmatrix} \frac{1}{ik}A^{i*}A^{i} & -A^{i*} \\ -A^{i} & -\frac{1}{ik}A^{i}A^{i*} \end{pmatrix} = \begin{pmatrix} 0 & -\frac{1}{ik}A^{i*}(\Delta^{i+1}-k^{2}) \\ \frac{1}{ik}A^{i}(\Delta^{i}-k^{2}) & 0 \end{pmatrix}$$

$R^{n} \setminus \partial X$ $t(u)$ $n(f)$ Assim, o lado esquerdo de (3.2.2) satisfaz as equações de Maxwell em para todas as funções integráveis e na fronteira. Assim, chegamos ao que habitualmente se chama o integral de Cauchy associado às equações de Maxwell (ver [37, 3.2.3])

§3.3 Critério de solvabilidade do problema de Cauchy

$t(u)$ $n(f)$ u f Combinando os sistemas das equações de Maxwell com os dados de e determinamos e na fronteira, para a

$$n(u) = -(1/ik)n(A^{*}f),$$
$$t(f) = (1/ik)t(Au)$$

$n(A^{*}f)$ $t(Au)$ $n(f)$ $t(u)$ ∂X e é determinado exclusivamente por e (os chamados operadores tangentes em , ver [39, 3.1.5]). X (u,f) $M^{i}(u,f) = 0$ $t(u)$ $n(f)$ ∂X Assim, o problema de Cauchy para o sistema das equações de Maxwell consiste em encontrar a solução de em com dados e numa parte da superfície [13]. R^{n} Para obter resultados construtivos, restringimo-nos a complexos de operadores diferenciais do tipo Dirac com coeficientes constantes em , como definido em §3.2.

S X Seja a parte aberta da fronteira do conjunto na topologia relativa. X S O problema de Cauchy para soluções do sistema de equações de Maxwell em com dados em é o seguinte. u_0 f_0 F_t^{i} S (u,f) M $(u,f)=0$ X $t(u)=u_0$ $n(f)=f_0$ S Dadas as secções transversais e da estratificação sobre , encontrar uma solução que satisfaça dentro tal que e em .

S Isto é um pouco complicado, uma vez que o comportamento da solução perto da fronteira requer um estudo cuidadoso. u_0 f_0 F^{i} Limitamo-nos a considerar o caso em que e são secções contínuas da estratificação . (u,f) S (u,f) S Se existir, então a solução deve ser contínua até ao interior de , e evitamos discutir os valores de fronteira fracos de at . Assim, consideremos o problema

$$\begin{cases} M^{\mathrm{i}}(u,f)=0 \text{ в } & X\setminus\partial X, \\ t(u)=u_0 & \text{на} \quad S, \\ n(f)=f_0 & \text{на} \quad S. \end{cases}$$

(3.3.1)

X É sabido que este problema tem, no máximo, uma solução em qualquer espaço de funções razoável em .

u_0 f_0 S Para estudar o problema (3.3.1), efectuamos o integral completamente definido pelos dados de Cauchy e em , nomeadamente

$$G(u_0,f_0)(x)=\int_S \Phi^{\mathrm{i}}(x-y)\begin{pmatrix} if_0 \\ i\sigma(A^{\mathrm{i}})(\nu)u_0 \end{pmatrix} ds$$

$x \in R^n \setminus \bar{S}$ para . $\Phi^i(x-y)$ $R^n \times R^n$ $G(u_0, f_0)$ $\bar{S}$ Uma vez que a solução fundamental de é analítica real fora da diagonal de , segue-se que é analítica real para além de .

$G(u_0, f_0)$ $M^i(u,f)=0$ $R^n \setminus \bar{S}$ A lém disso, o potencial satisfaz as equações de Maxwell em . $G(u_0, f_0)$ $(\Delta + k^2)G = 0$ $\bar{S}$ Em particular, as componentes da função vetorial são soluções da equação de Helmholtz (escalar) no complemento de .

x S $G(u_0, f_0)(x)$ Quando passa pela hipersuperfície , o integral tem um salto. As fórmulas de transição correspondentes são muito semelhantes às fórmulas clássicas de Sohotsky-Plemel, ver [9]. [9].

Teorema 3.2. (u,f) S $G(u_0, f_0)$ $R^n \setminus X$ S X *Para que exista uma solução do problema de Cauchy (3.33) contínua até , é necessário e suficiente que o integral possa ser continuado de até como uma função real-analítica.*

***Necessidade de* prova.** (u,f) S Suponhamos que existe uma solução do problema de Cauchy (3.3.1) contínua até . U F F^i F^{i+1} $R^n \setminus \partial X$ Determinemos as secções transversais e de e para pela fórmula

$$\begin{pmatrix} U(x) \\ F(x) \end{pmatrix} = \begin{cases} G(x_0, y_0) - \begin{pmatrix} u \\ f \end{pmatrix} & в \;\; X \setminus \partial X, \\ G(u_0, f_0) & в \;\; R^n \setminus X. \end{cases}$$

$U^{\pm}$ U $X \setminus \partial X$ $R^n \setminus \overline{X}$ F Escrevamos para a contração de em conjuntos abertos e , respetivamente, e do mesmo modo para . X u f X Podemos assumir, reduzindo , se necessário, que e são contínuos até ao limite de . Usando o Teorema 3.1, (parágrafo 3.2) obtemos

$$\begin{pmatrix} U^+(x) \\ F^+(x) \end{pmatrix} = - \int_{\partial X \setminus S} \Phi^i(x-y) \begin{pmatrix} in(f) \\ i\sigma(A^i)(v)t(u) \end{pmatrix} ds$$

x X para todo o interior de . U^+ F^+ S F^i F^{i+1} $R^n \setminus \partial X \cup S$ Segue-se que e continuam como secções analíticas reais de e em todo . Além disso, aplicando mais uma vez o Teorema 3.1, temos

$$- \int_{\partial X \setminus S} \Phi^i(x,y) \begin{pmatrix} in(f) \\ i\sigma(A^i)(v)t(u) \end{pmatrix} ds =$$

$$= \int_S \Phi^i(x,y) \begin{pmatrix} in(f) \\ i\sigma(A^i)(v)t(u) \end{pmatrix} ds = \begin{pmatrix} U^-(x) \\ F^-(x) \end{pmatrix}$$

$x \in R^n \setminus X$ para . $G(u_0, f_0)$ $R^n \setminus X$ S X Assim, continua a via dentro como uma função analítica real, o que era necessário provar.

***Suficiência*.** U F F^i F^{i+1} $(R^n \setminus \partial X) \cup S$ Inversamente, sejam e sejam secções analíticas reais das estratificações e sobre tais que

$$\begin{pmatrix} U(x) \\ F(x) \end{pmatrix} = G(u_0, f_0)$$

X $M^i(U,F) = 0$ $R^n \setminus X$ afastando-se de , então está em . $M^i(U,F)$ $(R^n \setminus \partial X) \cup S$ X Uma vez que é analítico real em , também converge efetivamente para zero em .

Vamos lá

$$\begin{pmatrix} u(x) \\ f(x) \end{pmatrix} = G(u_0, f_0)(x) - \begin{pmatrix} U(x) \\ F(x) \end{pmatrix}$$

$x\ X$ para dentro da vizinhança de . $u\ f\ S$ Do que já foi provado que e são contínuos até e satisfazem as equações de Maxwell. (u, f) Mostremos que é a solução desejada de (3.3.1). $t(u) = u_0\ n(f) = f_0\ S$ Para o verificar, resta verificar que e são em . $G_e(u_0, f_0)\ G_m(u_0, f_0)\ G(u_0, f_0)$ Para isso, denotemos por e as componentes de , que são os campos elétrico e magnético, respetivamente. $U\ F\ (R^n \setminus \partial X) \cup S$ Como e são contínuos em , pela fórmula de Sohotsky-Plemel temos

$$t(u) = t(G_e(u_0, f_0)^+ - U^+) =$$
$$= t(G_e(u_0, f_0)^+ - U^-) =$$
$$= t(G_e(u_0, f_0)^+ - G_e(u_0, f_0)^-) =$$
$$= u_0$$

S em . Da mesma forma,

$$n(f) = n(G_m(u_0, f_0)^+ - F^+) =$$
$$= n(G_m(u_0, f_0)^+ - F^-) =$$
$$= n(G_m(u_0, f_0)^+ - G_m(u_0, f_0)^-) =$$
$$= f_0$$

S e m , que é a nossa reivindicação.

$R^n \setminus X\ S\ X\ S$ O Teorema 3.2 pode ser generalizado dizendo que qualquer fórmula explícita para a continuação analítica de via para o interior de conduz a uma fórmula para soluções do problema de Cauchy com dados em . Esta ideia remonta pelo menos a [3], [19].

§3.4 Decomposição da solução fundamental das equações de Helmholtz.

$n=3$ $n>3$ Neste parágrafo, estendemos os resultados da Secção 6 de [30],[34] do caso de para o caso de .

X $B=B(0,R)$ $R>0$ Aplicamos o método da base de ortogonalidade dupla ao problema de Cauchy (3.3.1) no caso especial em que é uma parte de uma esfera com centro na origem e raio . S B $x=0$ B Seja uma hipersuperfície lisa e fechada em , não contém o ponto e divide-se em duas regiões. X A região fechada que não contém a origem das coordenadas é designada por . ∂X S ∂B R^n Esta fronteira é constituída por e parte da esfera em , ver Fig. 1. Figura 1. X 0 B A vantagem de usar a região de acima é que o problema se reduz a uma continuação analítica de uma pequena esfera em torno de para .

$G(u_0,f_0)$ $M^{i}G(u_0,f_0)=0$ $(\Delta+k^2)G(u_0,f_0)=0$ S Em virtude do que precede, o potencial de dupla camada satisfaz tanto , como fora do fecho . A última equação é uma equação escalar de Helmholtz e decorre da anterior. $B(0,r)$ $B(0,R)$ $G(u_0,f_0)$ A ideia é usar bases com dupla ortogonalidade nos espaços de Hilbert das soluções da equação de Helmholtz para derivar condições de continuação analítica de para para .

$\Delta+k^2$ R^n Em coordenadas esféricas, o operador de Helmholtz no espaço assume a forma

$$\Delta+k^2=\frac{1}{r^2}\left(\left(r\frac{\partial}{\partial r}\right)^2+(n-2)r\frac{\partial}{\partial r}+k^2r^2-\Delta_{S^{n-1}}\right), \qquad \Delta_{S^{n-1}} \quad (3.4.1)$$

onde é o operador de Laplace-Beltrami na esfera unitária. k $\operatorname{Im}k\geq 0$ Recorde-se que é um número complexo arbitrário com .

$(\Delta + k^2)u = 0$ Podemos utilizar o método de Fourier de separação de variáveis para resolver a equação homogénea . $u(r,w) = g(r,k)h(w),$ g h Exatamente, escrevendo obtemos duas equações separadas para as funções e ,

$$\left(\left(r\frac{\partial}{\partial r}\right)^2 + (n-2)r\frac{\partial}{\partial r} + k^2r^2\right)g = cg,$$

$$\Delta_{S^{n-1}}h = ch,$$

c com uma constante arbitrária .

c $\Delta_{S^{n-1}}$ A segunda equação tem soluções não nulas se e só se for um valor próprio do operador . $c = \nu(\nu + n - 2),$ $\nu = 0,1,...,$ Estas soluções são bem conhecidas, ver. [39] e outros. $\Delta_{S^{n-1}}$ $h_\nu(w)$ ν As funções próprias correspondentes são harmónicas esféricas de grau , i.e.

$$\Delta_{S^{n-1}}h_\nu = \nu(\nu + n - 2)h_\nu \quad . (3.4.2)$$

$r > 0$ C onsideremos agora uma equação diferencial ordinária sobre a variável .

$$\left(\left(r\frac{\partial}{\partial r}\right)^2 + (n-2)r\frac{\partial}{\partial r} + (k^2r^2 - \nu(\nu + n - 2))\right)g(r,k) = 0. \quad (3.4.3)$$

Estas equações são equações de Bessel e o espaço das suas soluções é bidimensional. $n = 3$ $k = 0$ $g(r,0) = ar^\nu + br^{-\nu-1}$ a b Por exemplo, se e , então com constantes arbitrárias e é uma solução geral de (3.4.3). $r^\nu h_\nu(\varphi)$ Nesta situação, qualquer função é um polinómio harmónico homogéneo. $r = 0$ No caso geral, o espaço solução de (3.4.3) contém um subespaço unidimensional de funções limitadas no ponto , ver [40]. [40].

$\nu = 0,1,...,$ $g_\nu(r,k)$ $r = 0$ Em fixo é uma solução não nula da equação (3.4.3), que é limitada em . Então

$$(\Delta + k^2)(g_\nu(r,k)h_\nu(w) = 0 \tag{3.4.4}$$

R^n $R^n \setminus \{0\}$ De facto, em virtude de (3.4.1), (3.4.2) e (3.4.3) concluímos que esta igualdade é válida em . Exploramos agora o facto de que $(g_\nu(r,k)h_\nu(w)$ é limitada na origem para garantir que (3.4.4) é satisfeita.

$J(\nu)$ ν Como se sabe que o número de harmónicas esféricas linearmente independentes de grau , é igual a

$$J(\nu) = \frac{(2\nu + n - 2)(\nu + n - 3)!}{(n-2)!\nu!}.$$

Vamos construir a base ortonormalizada

$$\{h_\nu^j\}_{\substack{\nu=0,1,...\\ j=1,...,J(\nu)}}$$

$L^2(S^{n-1})$ em .

Lema 3.3. $R > 0$ *Para qualquer sistema*

$$\{b_\nu^{(j)}(r,w,k) := g_\nu(r,k)h_\nu^{(j)}(w)\}_{\substack{\nu=0,1,...\\ j=1,...,J(\nu)}}$$

(3.4.5)

$L^2(B(0,R))$ $(\Delta + k^2)u = 0$ *é uma base ortogonal no subespaço , constituída por soluções da equação de Helmholtz .*

Prova. $\{h_\nu^{(j)}\}$ $L^2(S^{n-1})$ $L^2(B(0,R))$ De facto, sendo uma base ortonormalizada no espaço da esfera unitária, o sistema (3.4.5) é ortogonal em , porque

$$\left(b_\mu^{(i)}, b_\nu^{(j)}\right)_{L^2(B(0,R))} = \left(h_\mu^{(i)}, h_\nu^{(j)}\right)_{L^2(S^{n-1})} \int_0^R g_\mu(r,k)\overline{g_\nu(r,k)} \cdot r^{n-1} dr = 0$$

$\mu \neq \nu$ $i \neq j$ para ou . $\{h_\nu^{(j)}\}$ $C^\infty(S^{n-1})$ $L^2(B(0,R))$ Finalmente, como o sistema harmónico é denso em , vemos que o sistema (3.38) é denso no subespaço , constituído pelas soluções da equação de Helmholtz na esfera, o que completa a prova.

$y \in R^n$ $|y| > R$ $e(x-y)$ $(\Delta + k^2)e(x-y) = 0$ $B(0,R)$ Para qualquer valor fixo de , a solução fundamental da equação de Helmholtz satisfaz em e, obviamente, é quadraticamente integrável na esfera. $e(x-y)$ $B(0,R)$ Por conseguinte, pode ser representada em pela sua série de Fourier sobre o sistema ortogonal (3.4.5)

$$e(x-y) = \sum_{\nu=0}^{\infty} \sum_{j=1}^{J(\nu)} c_\nu^{(j)}(y,k) b_\nu^{(j)}(x,k) \qquad , (3.4.6)$$

$L^2(B(0,R))$ converge em - por normas. $c_\nu^{(j)}(y,k)$ $L^2(B(0,R))$ Os coeficientes de Fourier de são determinados por fórmulas bem conhecidas através do produto escalar em . $c_\nu^{(j)}(y,k)$ y $|y| > R$ Estas fórmulas mostram que são funções analíticas reais de sujeitas a . $B(0,R)$ Além disso, satisfazem a equação de Helmholtz no complemento de . $L^2(B(0,R))$ $R > 0$ $c_\nu^{(j)}(y,k)$ R $R < |y|$ Por outro lado, o sistema (3.4.5) é ortogonal a qualquer espaço com . Assim, os coeficientes de são efetivamente independentes da escolha particular de que satisfaça a condição . $c_\nu^{(j)}(y,k)$ R^n Isto mostra que são soluções da equação de Helmholtz a partir da origem em . $e(x-y) = O(|x-y|^{2-n})$ $x \to y$ $R \to |y|$ $c_\nu^{(j)}(y,k)$ Uma vez que em , podemos enviesar as fórmulas para . Isto dá imediatamente as equações

$$c_\nu^{(j)}(y,k) = \left(e(x-y), b_\nu^{(j)}(x,k)\right)_{L^2(B(0,|y|))} / \int_0^{|y|} |g_\nu(r,k)|^2 r^{n-1} dr$$

$\nu = 0,1,\dots$ $j = 1,\dots,J(\nu)$ para e .

Lema 3.4. $\{(x,y) \in R^n \times R^n : |x|/|y| < 1\}$*No cone , tem uma expansão em série de Fourier (3.4.6), onde a série converge uniformemente com todas as suas derivadas em subconjuntos compactos do cone.*

Prova. A decomposição em séries de Fourier é uma consequência direta do Lema 3.3. A convergência uniforme em subconjuntos compactos do cone apresenta um problema mais subtil. $b_\nu^{(j)}$ Pode ser tratado de uma forma familiar, uma vez que são soluções da equação de Helmholtz.

§3.5. fórmula de Carleman para o sistema de equações Maxwelliano

$\Phi^{i}(x-y)$ M^{i} Substituindo (3.4.6) na fórmula da solução fundamental de para , obtemos

$$\Phi^{i}(x-y) = \sum_{\nu=0}^{\infty} \Phi_\nu^{i}(x,y) \tag{3.5.1}$$

$\{(x,y) \in R^n \times R^n : |x|/|y| < 1\}$em que a série converge uniformemente, juntamente com todas as suas derivadas, em subconjuntos compactos do cone e

$$\Phi_\nu^{i}(x,y) = \begin{pmatrix} (1/ik)A^{i*}(\partial_x)A^{i}(\partial) & -A^{i*}(\partial_x) \\ -A^{i}(\partial_x) & -(1/ik)A^{i}(\partial_x)A^{i*}(\partial_x) \end{pmatrix} \sum_{j=1}^{J(\nu)} c_\nu^{(j)}(y,k) b_\nu^{(j)}(x,k)$$

$\nu = 0,1,\dots$ $-\partial_y$ ∂_x Obtemos a mesma fórmula se substituirmos em conjunto as derivadas de .

Lema 3.5. $\Phi_\nu(x,y)$ $R^n \times (R^n \setminus \{0\})$ *Cada membro de é uma função matricial analítica real sobre o conjunto , satisfazendo*

$$M^{\mathrm{i}}(\partial_x)\Phi_\nu^{\mathrm{i}}(x,y)=0,$$
$$M^{\mathrm{i}'}(\partial_y)(\Phi_\nu^{\mathrm{i}}(x,y))^T=0.$$

Prova. $\Phi_\nu^{\mathrm{i}}(x,y)$ Estas propriedades são óbvias pela própria construção dos núcleos degenerados . $y=0$ A particularidade em é devida ao seguinte

$$\int_0^{|y|}|g_\nu(r,k)|^2 r^{n-1}dr.$$

Φ_ν^{i} $M^{\mathrm{i}'}(\partial_y)(\Phi_\nu^{\mathrm{i}}(x,y))^T=0$ Uma expansão em série semelhante a (3.4.6) com termos que satisfazem a equação transposta já é suficiente para obter uma fórmula explícita para as soluções do problema de Cauchy (3.3.1).

Vamos lá

$$R_N^{\mathrm{i}}(x,y)=\Phi^{\mathrm{i}}(x-y)-\sum_{\nu=0}^{N}\Phi_\nu^{\mathrm{i}}(x,y)$$

$(x,y)\in R^n \times (R^n \setminus \{0\})$ para . Assim, obtemos a chamada solução da função de Carleman do problema de Cauchy, cf. [37, 10.4], cf. [39, p 445]. [39, p 445].

Teorema 3.3. (u,f) X S *Suponhamos que é uma solução das equações de Maxwell no interior de , contínua até ao fecho de . Então*

$$\begin{pmatrix} u(x) \\ f(x) \end{pmatrix}=\lim_{N\to\infty}\int_S R_N^{\mathrm{i}}(x,y)\begin{pmatrix} in(f) \\ i\sigma(A^{\mathrm{i}})(\nu)t(u) \end{pmatrix}ds$$

$x\in X\setminus\partial X$ *para todos .*

Prova. X X S Podemos assumir, por aproximação, que as regiões mais pequenas cujos limites intersectam o limite de apenas em

,

(u,f) X que é suave em . Combinando o Corolário 2.1 (Capítulo 2) com a fórmula de Stokes e o Lema 1.1, concluímos facilmente que

$$\begin{pmatrix} u(x) \\ f(x) \end{pmatrix} = \int_{\partial X} R_N^{\mathrm{i}}(x,y) \begin{pmatrix} in(f) \\ i\sigma(A^{\mathrm{i}})(v)t(u) \end{pmatrix} ds$$

$x \in X \setminus \partial X$ $N = 0,1,\dots$ para todos os fixos e todos os . $N \to \infty$ Seja . $\partial B(0,R)$ x $B(0,R)$ $\partial X \setminus S$ Como a série (3.4.6) converge em uniformemente sobre em subconjuntos compactos de , segue-se que a parte do integral de fronteira sobre tende para zero. Isto estabelece as fórmulas desejadas.

(u,f) Seja a solução do problema de Cauchy (3.3.1). Um cálculo simples mostra que

$$\int_S R_N^{\mathrm{i}}(x,y) \begin{pmatrix} in(f) \\ i\sigma(A^{\mathrm{i}})(v)t(u) \end{pmatrix} ds = G(u_0, f_0)(x) - \begin{pmatrix} U_N(x) \\ F_N(x) \end{pmatrix} \tag{3.5.2}$$

$x \notin \bar{S}$ para , em que

$$\begin{pmatrix} U_N(x) \\ F_N(x) \end{pmatrix} = \sum_{v=0}^{N} \int_S \Phi_v^{\mathrm{i}}(x,y) \begin{pmatrix} in(f) \\ i\sigma(A^{\mathrm{i}})(v)t(u) \end{pmatrix} ds.$$

$\varepsilon > 0$ S Escrevamos para a distância entre e a origem. $x \in B(0,\varepsilon)$ S Se , então o lado esquerdo de (3.5.2) tende para zero, pois a série (3.4.6) converge uniformemente para . $\{(U_N, F_N)\}$ $G(u_0, f_0)$ $B(0,\varepsilon)$ Segue-se que a série (isto é, a sequência de somas parciais) converge uniformemente para juntamente com as suas derivadas em subconjuntos compactos da esfera .

A última observação e o Teorema 1.1 combinam-se para dar algumas condições de solvabilidade para o problema de Cauchy.

Corolário 3.2. $\{(U_N, F_N)\}$ $B(0,R)$ *Se a série converge uniformemente em subconjuntos compactos da esfera , então o problema de Cauchy (2.30) é resolúvel.*

Prova. $\{(U_N, F_N)\}$ $(U,F) = \lim(U_N, F_N)$ $B(0,R)$ Como os termos da série são soluções componentes da equação de Helmholtz, segue-se do Teorema de Stiltjes-Vitali que a sua soma satisfaz em componentes a mesma equação em . (U,F) $F^i \oplus F^{i+1}$ $B(0,R)$ Logo, é a secção analítica real de em . (U,F) $G(u_0, f_0)$ $B(0,\varepsilon)$ Como é efetivamente a mesma que na esfera mais pequena , a solvabilidade do problema de Cauchy decorre do Teorema 1.1. $\{(U_N, F_N)\}$ Em muitos casos interessantes, a convergência uniforme da série é não só suficiente mas também necessária para a solvabilidade de (5.1), cf. [35; 2.9]. [35; 2.9].

Neste capítulo, para um complexo elíptico de operadores diferenciais de primeira ordem numa variedade lisa, definimos um sistema de equações que pode ser visto como equações abstractas de Maxwell. A teoria formal deste sistema é muito semelhante à teoria das equações de Maxwell clássicas. Consideramos o problema de Cauchy para as equações de Maxwell na teoria da eletrodinâmica numa região limitada do espaço euclidiano.

LISTA DE REFERÊNCIAS

1. Agmon S., Duglis A., Nirenberg L. Estimativas de soluções de equações elípticas perto do limite. //M,1962.
2. M. S. Agranovich e M. I. Vishik, "Elliptic problems with a parameter and parabolic problems of general form," UMN, 19:3 (117) (1964), 53-161.
3. Eisenberg, L. A. A., e Tarkhanov, N. N., "Conditionally stable problems and Carleman formulas," //Sib. matem. zhurn. 31:6 (1990), 9-15.
4. Lavrentiev, M. M., Romanov, V. G., e S. P. Shishatsky, Uncorrected problems of mathematical physics and analysis, Nauka, M., 1980.
5. Maslennikova V.N. Equações diferenciais em derivadas parciais // M., 1997.
6. Mergelyan S. N. , "Harmonic approximation and approximate solution of the Cauchy problem for the Laplace equation",// UMN, **11**:5(71) (1956), 3-26.
7. Petrovskii I.G. Lectures on equations with partial derivatives. //M.,1961.
8. Tarkhanov N.N. Série de Loran para soluções de sistemas elípticos - //Novosibirsk: Nauka. Ramo Siberiano, 1991.-317 pp.
9. Tarkhanov N.N., Método paramétrico na teoria dos complexos diferenciais - Novosibirsk:// Nauka. Sib. Branch, 1990 -248 p.
10. Wells R. Differential calculus on complex manifolds,//Moscovo 1976

11. Fayazov K. S. , "On the Cauchy problem for a linear elliptic equation of second order with operator coefficients", Dokl. RAS, 336:4 (1994), 459-461

12. L^2 D. P. Fedchenko e A. A. Shlapunov, Sobre o problema de Cauchy para o operador de Cauchy-Riemann multidimensional no espaço de Lebesgue no domínio, Boletim de Matemática, 199:11 (2008), 141-160.

13. Shabat B.V. Introdução à análise complexa, parte H // M.: Nauka, 1985,219-223.

14. Shestakov I. V., On the Cauchy problem for Dolbo cohomologies,// Dissertação para o grau de Candidato a Ciências Físicas e Matemáticas, Krasnoyarsk, 2009.

15. Shlapunov A.A., Sobre o problema de Cauchy para a equação de Laplace.Sibir. Mat. (1992) 3, **205-215**.

16. L^2 Shlapunov A.A., Tarkhanov N.N., Para o problema de Cauchy para funções holomorfas de classe Lebesgue no domínio. Krasnoyarsk 1990.

17. Yarmukhamedov, Sh., "The Cauchy problem for the Laplace equation", Dok. AN SSR, 235:2 (1977), 281-283.

18. Yarmukhamedov, Sh., "A função de Carleman e o problema de Cauchy para a equação de Laplace", Sib.matem. zhurnal, 45:3 (2004), 702-719.

19. Aizenberg L.A., Carleman's Formulas in Complex Analysis. //Theory and Applications, / Kluwer Academic Publishers, Dordrecht, 1993.

20. Bott R., On some recent interactions between mathematics and physics, //Canad. Math. Bull. 28 (2) (1985) 129-164.

21. Colton D., Kress R., Inverse Acoustic and Electromagnetic Scattering Theory, Springer-Verlag, Heidelberg, 1998.

22. Friedman B., Principles and Techniques of Applied Mathematics, //Dover Publications, Mineola, NY, 1990.

23. Harmuth H.F., Hussain M.G., Propagation of Electromagnetic Signals, //Word Scientific, Singapura, 1994.

24. Ikehata M., "Inverse conductivity problem in the infinite slab", Inverse Problems, 17:3 (2001), 437-454.

25. Ikehata M., "Two analytical formulae of the temperature inside a body by using partiallateral and initial data", Inverse Problems, 25:3 (2009), 035011.

26. Jackson J.D., Classical Electrodynamics, //John Wiley & Sons, Inc., 1975.

27. James Clerk Maxwell, Uma teoria dinâmica do campo eletromagnético, //Philos. Trans. R. Soc. Lond. 155 (1865) 459-512.

28. Kytmanov A. M., Nikitina T. N. N. Análogos da fórmula de Carleman para domínios clássicos. Mat. notes, 1989, V.45, No.3, pp.87-93 (em russo).

29. Ly I., Tarkhanov N., A variational approach to the Cauchy problem for nonlinear elliptic equations,// J. Inverse Ill-Posed Probl. Inverse Ill-Posed Probl. 17 (6) (2009) 595-610.

30. Makhmudov O., Niyozov I., Tarkhanov N, "The Cauchy problem of couple-stress elasticity", Complex Analysis and Dynamical Systems III, Contemp. Math., **455**, Amer. Math.Soc., Providence, RI, 2008, 297-310.

31. Monk P., Finite Element Methods for Maxwell's Equations,// Oxford University Press, Oxford, UK, 2003.

32. Schulze, B.-W., Boundary Value Problems and Singular Pseudo-Differential Operators, J. Wiley, Chichester, 1998.

33. Senior T., Volakis J., Approximate Boundary Conditions in Electromagnetics, //Institution of Electrical Engineers, Londres, Reino Unido, 1995.

34. Shestakov I. V., Shlapunov A. A., Espaços de Sobolev negativos no problema de Cauchy para o operador de Cauchy-Riemann, // Journal of SFU. V. V., Shlapunov A. A., Negative Sobolev Spaces in the Cauchy Problem for the Cauchy- Riemann Operator, // Journal of SFU. Matemática e Física. 2009. №1. C. 17-30.

35. Shlapunov A., Green's integrals and their applications to elliptic systems, Scuola Normale Superiore, Pisa,// 1996, 162 pp., tesi di perfezionamento.

36. Stratton J.A., Electromagnetic Theory, //McGraw-Hill, New York, 1941.

37. Tarkhanov N. N. Complexes of Differential Operators, //Kluwer Academic Publishers, Dordrecht, NL, 1995.

38. Tarkhanov N.N., A criterion for solvability of the ill-posed Cauchy problem for elliptic systems, Dokl. Akad. Nauk SSSR 308(3) 531-534, 1989, russo.

39. Tarkhanov, N. N. N. The Cauchy Problem for Solutions of Elliptic Equations, Math. Top., 7, Akademie Verlag, Berlim, 1995.

40. Tikhonov A.N., Samarskii A.A., Equações de Física Matemática, // Nauka, Moscovo, 1972.

41. Yarmukhamedov Sh., Ishankulov T., Makhmudov O.I., O problema de Cauchy para um sistema de equações na teoria da elasticidade,// Siberian Math. J. 33 (1) (1992) 154-158.

42. Yarmukhamedov Sh., Yarmukhamedov I., "The Cauchy problem for the Helmholtz equation", Ill-Posed and Non-Classical Problems of Mathematical Physics and Analysis, VSP, Utrecht, 2003, 143-172.

43. Makhmudov K.O., Fórmula de Carleman para a equação de Helmholtz,// Abst. "Ukrainian math. Congresso": Kiev, Ucrânia, 2009.

44. Makhmudov K.O., "On the Cauchy problem for the Helmholtz equation", //International Trening-Seminars on Mathematics in conjunction with the joint mathematics meeting, between Samarkand State University and Malaysian mathematical sciences society , 3-5 june pp179-180 , 2011

45. Sattorov E.N., Makhmudov K.O., "About extension of a solution for the homogeneous system of Maxwell equations",// Uz. Math. J. **N3pp** 105-120, 2010

46. Makhmudov K. O., Makhmudov O. I., Tarkhanov N., "Equações do tipo Maxwell", //J. Math. Anal. Appl., 378:1 (2011), 64-75.(EUA)

47. Makhmudov K.O., Ellipticity Maxwell's equations in the sense of A.Duglis-L.Nirenberg, // Seminário científico e prático, "il-posed and non-classical problems of mathematical physics and analysis",5-6 julay Samarkand 2012

48. Makhmudov K. O., Fórmula de Carleman num domínio do tipo cap // "Atual questions Analysis" 22-23 aprel pp 141-146, Karshi-2016

49. Makhmudov K.O., Makhmudov O.I., Tarkhanov N., A Nonstandard

Problema de Cauchy para a equação do calor, // J.Mat. Zametki 102 (2) (2017) 270-283.

50. Makhmudov K.O., A Nonclassical Cauchy problem for the generalised Maxwell equations // Conferência internacional dedicada ao 60.º aniversário do Instituto de Matemática S.L.Sobolev, Novosibirsk, Rússia. Instituto de Matemática S.L.Sobolev, Novosibirsk, Rússia 14-19 de agosto de 2017

51. Makhmudov K.O., Fórmula de Carleman para a equação de Maxwell num domínio do tipo cap, Jour. of Siberian Federal Uni.Maths and Physics 12 (3)(2019) 317-322

52. Makhmudov K.O., Makhmudov O.I., Tarkhanov N., Nonstationary Maxwell equations, Complex Variables and Elliptic Equations,// 2020, Vol.65, No.6, 1029-1050

53. Makhmudov K.O., Problema de Cauchy para o sistema de equações de Maxwell, //Scientific Journal of Mathematics-Informatics-Physics №1(125)(2021) 29-34
54. Makhmudov K.O., Trabalho de dissertação. "Problemas de Cauchy para um sistema generalizado de equações de Maxwell". 2022-yil. Samarqand.

Printed by Books on Demand GmbH, Norderstedt / Germany